国家社会科学基金艺术学重大招标项目

"绿色设计与可持续发展研究"

项目编号：13ZD03

绿色设计与可持续发展经典译丛

设计师的远见卓识与案例

DESIGNERS, VISIONARIES and OTHER STORIES:
A COLLECTION of
SUSTAINABLE DESIGN ESSAYS

［英］乔纳森·查普曼　尼克·甘特　著
JONATHAN CHAPMAN　NICK GANT

徐春美　译

重庆大学出版社

编委会

总 主 编：王立端　郝大鹏

副总主编：王天祥

执行主编：李敏敏

编　　委：罗　力　何人可　辛向阳　汤重熹

　　　　　王　琥　段胜峰　黄　耘

序

　　在全球生态危机和资源枯竭的严峻形势下，世界上多数国家都意识到，面向未来，人类必须理性地以人、自然、社会的和谐共生思路制定生产和消费行为准则。唯有这样，人类生存的条件才能可持续，人类社会才能有序、持久、和平地发展，这就是被世界各国所认可和推行的可持续发展。作为世界最大的新兴经济体和最大的能源消费国与碳排放国，中国能否有效推进可持续发展对全球经济与环境资源的影响举足轻重。设计是生产和建设的前端，污染排放的增加，源头往往就是设计产品的"生态缺陷"。设计的"好坏"直接决定产品在生产、营销、使用、回收、再利用等方面的品质。因此，设计是促进人、自然、社会和谐共生，大有作为的阶段，也是促进可持续发展的重要行动措施。

　　正是在这个意义上，将功能、环境、资源统筹考虑的绿色设计蓬勃兴起。四川美术学院从2003年开始建立绿色设计教学体系，探讨作为生产生活前端的设计专业应该如何紧跟可持续发展的历史潮流，在培养绿色设计人才和社会应用方面起到示范带动作用。随着我国生态文明建设的推进和可持续发展的迫切需要，2013年国家社会科学基金艺术学以重大招标项目的形式对"绿色设计与可持续发展研究"项目进行公开招标，以四川美术学院为责任单位的课题组获得了该项目立项。

　　人类如何才能可持续发展，是一个全球性的课题。在中国，基于可持续发展的绿色设计需要以当代世界视野为参照，以解决中国现实问题为中心，将生态价值理念嵌入设计本体论，从生产与消费、生活与生态、环保与发展的角度，营建出适合中国国情、涵盖不同领域的绿色设计生态链条，进而建构起基于可持续发展的中国绿色设计体系，为世界贡献中国的智慧与经验。

目前世界上一些国家关于可持续发展的研究工作以及有关绿色设计学说的讨论与实践已经经历了较长的时间。尤其是近年来，海外绿色设计与可持续研究不断取得发展。为了更全面、立体地展现海外设计界和设计学术研究领域对绿色设计与可持续发展的最新研究成果，以便为中国的可持续设计实践提供有益的参考，有利于绿色设计与可持续发展研究起步相对较晚的我国在较短的时间内能迎头赶上并实现超越，在跟随先行者脚步的同时针对中国的传统文化背景与现实国情探寻我国的绿色设计发展之路，项目课题组经过反复甄选，组织翻译了近年国际设计界出版的绿色与可持续研究的数部重要著作，内容包括绿色设计价值与伦理、视野与思维、类型与方法等领域。这套译丛共有 11 本译著，在满足本项目课题组研究需要的同时，也具有为中国的可持续设计实践提供借鉴的意义，可供国内高校、研究机构和设计工作者参考。

"绿色设计与可持续发展研究"

项目首席专家：王立端

目录

关于作者　|　1

前　言　|　6

致　谢　|　11

1　引　言　|　14

乔纳森·查普曼和尼克·甘特

可持续设计语境　|　15

为何要设计？　|　18

百分百可持续？　|　20

觉醒的意识　|　22

从理论到实践　|　24

关于本书　|　25

2　重新界定（可持续）设计的目的：
成为设计的赋能者　协同设计的催化剂　|　30

阿拉斯泰尔·福阿德 - 卢克

概　述　|　31

引　言　|　31

增长的局限：生态效率与商业　|　33

设计遇到的问题　|　38

复兴设计理念　|　40

共同设计　|　47

与社会同设计，为社会而设计，由社会来设计 ｜ 48

协同设计在行动 ｜ 50

协同设计适用于商业项目吗？ ｜ 53

设计和制造的新方法 ｜ 55

协同设计新的功能可见性、新的价值观 ｜ 57

3 **设计的重生** ｜ **64**

斯图尔特·沃克

引 言 ｜ 65

感 恩 ｜ 66

设计的重生 ｜ 67

传播和共享创意 ｜ 69

一种设计方法 ｜ 71

过 程 ｜ 72

回收利用废弃物品 ｜ 73

一种赋能主张 ｜ 74

重新评估物品 ｜ 77

4 **多元本土社会构想：**
创意社区、活跃网络、赋能方案 ｜ **82**

埃佐·曼奇尼

前景广阔的案例：创意社区与合作网络 ｜ 84

构想：多元本土社会和分布式经济 ｜ 87

行动：赋能解决方案与全新的工业化理念 ｜ 91

5 **相对充裕：**
富勒的发现——杯子总是半满的 ｜ **102**

约翰·伍德

6 具有关联性的服装 | **122**

凯特·福莱特

时装产业 | 123

自然的启发 | 126

五种方法 | 129

结　语 | 134

7 （非）结论 | **138**

乔纳森·查普曼和尼克·甘特

谨以此书献给诺曼·甘特

关于作者

  乔纳森·查普曼（Jonathan Chapman）和**尼克·甘特**（Nick Gant）是"可继承未来实验室"（IF: Lab）的联合主任，该实验室是英国布莱顿大学（University of Brighton）的可持续设计研究中心。乔纳森是布莱顿大学三维设计课程高级讲师，著有《情感持久型设计》（*Emotionally Durable Design*，Earthscan，2005）。尼克是布莱顿大学三维设计项目的学科带头人，也是备受赞誉的设计实践"波波设计"（BoBo Design）的负责人。

  凯特·福莱特博士（Dr Kate Fletcher）是一位生态设计独立顾问，也是杰出的可持续服装与纺织艺术专家。过去 10 年来，凯特在大学、跨国公司、非政府组织里从事多方面的工作：研究、咨询服务、设计实践与教学，也与独立设计师一起工作。她最近提出了快慢服装的理念。

  阿拉斯泰尔·福阿德 - 卢克（Alastair Fuad-Luke）是一位可持续设计推动者、演讲人和作家，还是英国法汉姆（Farnham）创意艺术大学学院 (University College for the Creative Arts) 可持续产品设计硕士课程和产品设计与可持续未来学士课程的高级讲师，在美国、新西兰和澳大利亚各国讲授课程，著有国际畅销书《生态设计手册》（*The Eco-Design Handbook*，2002，2005），是推动"慢设计"的非营利性机构"慢设计研究室"（SlowLab）的副主席。他现在负责由欧盟资助的"设计教育与可持续性"（Design Education & Sustainability, DEEDS）项目，担任丹麦、美国和英国客户的协调人或者顾问。

埃佐·曼奇尼（Ezio Manzini）是米兰理工大学（Politecnico di Milano）的设计教授，主要研究策略设计和可持续设计，重点关注情景构建和解决方案开发。他近来的一些研究成果收录在《每日可持续》（*Sustainable Everyday*，Manzini and Jégou，2003，Edizioni Ambiente）一书里，也收录在几篇论文中（有些论文可在相关网站查阅）。

斯图尔特·沃克（Stuart Walker）最近刚被任命为英国兰卡斯特大学（Lancaster University）教授、兰卡斯特畅想研究中心（Imagination@Lancaster）联合主任。之前，他在加拿大卡尔加里大学（University of Calgary）环境艺术设计系研究生院任工业设计教授，历任（学术）副系主任、（研究）副系主任和工程学副教授。他还是英国金斯顿大学（Kingston University）可持续设计客座教授。他在国际上发表了关于可持续设计的论文，在加拿大、英国和意大利展出了他构思的设计作品，是几家设计期刊编委，也是英国"为21世纪而设计"（Design for the 21 Century）倡议的顾问。著有《可持续设计：理论与实践的探索》（*Sustainable by Design: Explorations in Theory and Practice*）一书，于2006年由地球瞭望出版社出版。

约翰·伍德（John Wood）是伦敦大学金史密斯学院（Goldsmiths University of London）的设计教授。针对过度消费时代里的伦理与设计这一主题，他撰文100多篇，其中包括他编辑的《虚拟具身》（*The Virtual Embodied*，Routledge，1998）一书和他的专著《微型乌托邦设计：超越常理的思维》（*The Design of Micro-Utopias: Thinking Beyond the Possible*，Gower，2007）。他现在负责的项目研究的是"元设计实践带来的设计协同增效作用"，由工程与物理科学研究委员会（Engineering and Physical Sciences Research Council，EPSRC）和艺术与人文研究委员会（Arts and Humanities Research Council，AHRC）资助。约翰还是《创意实践写作杂志》（*The Journal of Writing in Creative Practice*，Intellect Books）的联合编辑以及"可实现的乌托邦网络"（Attainable Utopias Network）的联合创始人。

NUFACTURE → USER → WASTE

RECYCLE

ERNATIVE ODUCT

ENERGY REVERSION

POWER

ALTERNATIVE PRODUCTION

?

TO THE GROUND

CO2 CAME FROM VOLCANIC ACTIVITY MILLIONS OF YEARS AGO.

Sustainable?

OIL

OIL

MILLIONS OF CO2 LOCKED PLANKTON, T TO ALSO FORM

WHAT S

GROW

WITHIN IT

GION - ALL PRODUCE FROM THE REGION ALL WASTE ABSORBED

CITY

TAKE FROM GROUND

GRASS

CO_2

NO POLLUTION

BACK

CO_2

ONLY COVE

— ALMOST ALL BURNED IN 100 YEARS!

ES OF
BY DEAD
HELPED
R ~~~~~

IMBALANCE

xx

ULD WE DO?

NO WASTE

Y PLANTS
THEM

前　言

　　地球遭到致命性的破坏，是设计师的错吗？毕竟，我们周围的产品和建筑给环境带来的影响中，百分之八十在设计阶段就已尘埃落定；我们的设计方法让大部分人在日常生活中不得不浪费掉数量惊人的物质和能源。北美最著名的设计评论员布鲁斯·努斯鲍姆（Bruce Nussbaum）引领了一场新兴运动，强烈反对设计。他在《商业周刊》（*Business Week*）中写道，"设计师太差劲了！因为他们很**无知**，特别不理解可持续性。人们指责设计师设计出的作品**太糟糕，伤害了地球**"。

　　设计师是破坏生物圈的罪魁祸首。针对这一指控，设计师有三种回应方式：据理力争、惭愧畏缩，或者解决问题。我支持第三种方式，也正是这种方式使得像本书这样的书籍显得至关重要。

　　设计师可能会据理力争，认为把气候变化的麻烦怪罪于设计师是不公平的，因为他们只是在完成自己的工作而已。他们设计的笔记本电脑在生产过程中所消耗的资源比电脑本身的重量多一千倍；他们设计的邮寄广告在印刷和寄发途中要消耗掉大量的材料和能源，而且，数以百万计的邮件接收者并未要求他人给自己寄送广告；他们为商店设计的摆盘食品所消耗的能源是为办公室设计的食品所消耗能源的 15 倍；而他们专门设计的雄伟壮观的美元交易展台三天后却被扔进了废料桶。尽管令人遗憾，但有人可能会说，这些浪费且糟糕的项目都是客户委托设计师设计的,那为什么不把矛头也对准客户呢?

针对毁灭生物这一指责,设计师的第二种回应是隐退到修道院,潜心忏悔,而且,最好是位于泰国华欣(Hua Hin in Thailand)并由约翰·波森(John Pawson)设计的修道院。不过,从两方面看,这一方法并不靠谱。首先,这种做法日常开销巨大,除了极少数设计名人之外,其他设计师根本承担不起。而且,众所周知,如果完全不理会设计事务,设计师会感觉非常糟糕,也很快会厌倦这种冥想式生活。

对于这种会持续一生的愧疚感,设计师还有第三种选择:认识到其中所包含的巨大机会。总得有人来重新设计推动经济发展的各种体系、机构和进程;总得有人来改变那些如果不加控制就会毁了我们的物质流、能量流和资源流。这样做工作量非常庞大,而且并非真的与绿色产品有关,也不是为了影响人们的行为。

我们周围的产品、服务和基础设施对环境的影响,大部分在设计阶段就已经确定,而不是在购买阶段,也不是在使用阶段。如果日常生活中的这些设计使人们不得不做出**非**绿色环保的行为,那么,人们就很难相信各种环保理念或者按照环保理念行事,而那些劝说人们采取可持续行为的海报和广告活动也就毫无意义可言。

还有一点需要声明的是,现在正在进行的转变并非仅仅局限于设计行业,或者更糟糕地仅仅局限于"创意一族"。如果我们只是采用从上至下或者由外及内的方法,那么,我们现在正在进行的这种规模的变化就不可能发生。假如你在为贫困黑人设计应急避难所时,参照的还是居家型设计工作室的舒适度,那你并未认识到一个最新的重要变化:可持续设计指的是与生活在其中的人们一起**协同**设计他们的日常生活。

之所以要身处其中,要在现场进行设计,最重要的原因在于可持续世界的许多要素已然存在。其中一些要素属于技术解决方案,而另一些要素可以在自然界中找到，这多亏了数百万年以来的自然进化。要素的主体是社会实践，其中有些实践源远流长。其他国家在其他时间也在学习借鉴这些社会实践。

由此可以得出这样的看法：设计师是现存生活模式、生活进程和生活方式的全球采猎者，或者说，他们以前是这样的采猎者。可持续设计的大部分内容与信息分享有关，这些信息关乎那些业已存在且已被证明行之有效的方案。目前的创意设计指的就是调整某一场景中的问题解决方案，使其适用于另一场景。

从全球范围来看，关于可持续设计的集体知识覆盖面仍然非常小，这就是问题所在。相对于我们可以加以利用来扭转局势的时间而言，集体知识覆盖面的增长太过缓慢。因此，我们不得不解决以下这个关于知识传播的问题：我们如何才能确保不管何时何地，只要需要，人们就可以获得关于可持续实践的知识？

作为拿来主义型革新者，面对这个问题，第一反应就是提出另一个问题：以前有谁解决过类似的知识传播问题吗？如果有，从**他们的**成功中，我们能学到什么？能利用些什么？就我而言，三种现存的传播渠道——草根行动主义、全球商业和宗教——都具有无穷的潜力，让我印象深刻。

第一种渠道是草根行动主义。根据保罗·霍肯（Paul Hawken）的说法，每天有超过一百万家非营利性机构和一亿人都在为保持和恢复地球上的生物而努力。霍肯认为，"这是世界上最大规模的一场运动"。然而，这场运动可能规模很大，但却缺乏一致性。的确，当前数以亿计的人都认为我们必须采取行动避免气候恶化，但是，当他们——也就是我们——提出"我该从哪里加入这场运动呢？"这一问题时，尽管有上百万家机构可供选择，答案却一点也不明显。

我给设计师推荐的方法如下：不要再设立新的机构，找到一家组织良好的地方性机构，加入它。给他们（也包括邻近的组织）提供拿来主义型革新者的设计技巧，帮助他们成为行家里手，让他们能够在已有的或者可被找到的多种解决方案中熟练地进行选择。

第二个现存的传播系统是全球商业。与大部分国家的政府以及所有的政治家相比，在采取措施避免气候恶化方面，一些跨国公司的动作要快得多。例如，联合利华集团首席执行官帕特里克·塞斯科（Patrik Cescau）就保证他的公司会应用"新设计原则"，这些原则会"大大减少我们对资源的使用，并促使消费变得越来越可持续"。当然，说起来容易做起来难。针对塞斯科的这一承诺，我询问了一些联合利华的员工，结果显示，好像塞斯科的 23.4 万员工中，说得好听一点，许多人还不太清楚这些"新设计原则"到底是什么，就更不用说如何去贯彻实施这些原则了。

但这正好意味着机会的存在。联合利华在世界上大部分国家都有生意，如果他们有意愿实施可持续设计原则，我想，我们就应该为他们提供这些原则。

知识与可持续设计的第三个传播系统是宗教。数千年来，世界各种宗教一直都践行着知识传播的作用。诚然，并非教会所有的日常行为都令人钦佩，而且，教会的一些当代信仰体系与可持续性处在完全敌对的阵营。许多虔诚的信徒——据估计占了世界人口的 40%——笃信"世界末日"的末世说法，热切地盼望着由气候恶化引起的大灾难。

但并不是所有的信徒都这样。越来越多的福音派基督徒开始了解"环境部门"的方方面面，而有些基督教组织更是积极活跃地参与到气候变化相关政策的讨论之中。在英国，基督徒互援会（Christian Aid）一直极力主张以科学为依据的环境保护政策，针对政府遮遮掩掩的行为也提出了批评。借助教堂来传播知识这一道德举措本身并不是最重要的，我看重的是教堂广泛的传播网络以及杰出的组织能力。

非政府组织、跨国公司和教会也许听起来不太可能与设计师一起共事——但是，当今时代也正是充满了各种可能性的时代。

约翰·萨卡拉（John Thackara）

致　谢

我们要感谢约翰·萨卡拉、埃佐·曼奇尼、阿拉斯泰尔·福阿德-卢克、凯特·福莱特、斯图尔特·沃克和约翰·伍德，他们为本书提供了非常有价值的稿件。此外，我们还要感谢 1000 名参与者，他们有的为我们创作了一幅素描，有的给我们讲述了一个想法，有的为我们绘制了一幅图表，以此描述他们个人对可持续设计的看法，其中许多看法对本书而言非常重要。

我们还要感谢以下个人和机构，感谢他们做出的贡献和支持。他们是：励展博览集团（Reed Exhibitions）100% 设计展的皮特·梅西（Pete Massey）、爱丽丝·布朗（Alice Brown）和海伦·霍顿-史密斯（Helen Horten-Smith）；布莱顿大学艺术与建筑学院的安妮·博丁顿（Anne Boddington）、布鲁斯·布朗（Bruce Brown）教授、凯瑟琳·哈珀（Catherine Harper）博士和乔纳森·伍德姆（Jonathan Woodham）教授；知识交流组织（Knowledge Exchange）的大卫·怀特（David White）、伊恩·拉奇（Ian Rudge）、詹姆士·麦克亚当（James McAdam）、塞伯·奥迪（Seb Oddi）和奥斯卡·万利斯（Oscar Wanless）；InQbate 项目的理查德·莫里斯（Richard Morris）；地球瞭望出版社的塔姆辛·格林（Tamsine Green）、卡米尔·亚当森（Camille Adamson）和艾莉森·库兹涅茨（Alison Kuznets）。

最后，我们还要感谢明明和贾斯珀（Ming Ming & Jasper）、塔尼娅（Tanya）、比利和内尔（Billy & Nell），感谢他们在本书的研究、推进和写作过程中给予的耐心、理解和支持。

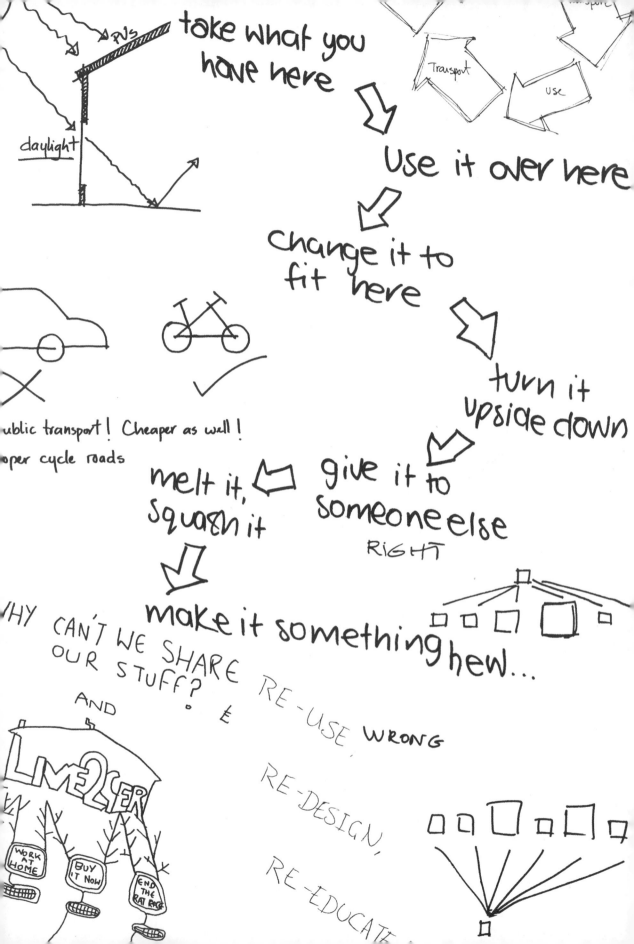

GALLERY

Human ART ??

NATURE

Mmmm...

I do not get it?

Is that the best they can do for us?

PROLIFERATION

RE[DU]CTION

CLASSIC DESIGNS
MADE TO LAST
OVER GENERATIONS

☑

DESIRE TO BUY
THE LATEST
'MUST HAVE PRODUCT.

☒

USE WIND !

Recycle

pre-fab

1 引 言

乔纳森·查普曼和尼克·甘特

可持续设计语境

尽管可持续设计可能被看成一门相对年轻的学科，对环境的普遍关注却由来已久。早在13世纪，就有人谈论人类行为对自然界造成的影响——德国神学家迈斯特·埃克哈特（Meister Eckhart）就属于这样一类人，他们最先认识到了人类给环境带来的消极影响。古代万物有灵论文明认为，他们自己是自然体系的有机组成部分，与"自然"的关系更直接、更具共生性，这使得他们对当时的环境所造成的（积极和消极）影响更真切、更本真，而这又毫无疑问会反过来影响到他们对环境、对自己在环境中所处位置的认识方式。然而，在更现代的社会中，人类逐渐把自己从自然体系中分离出来，把自然变成**他者**——我们越是把自然作为外部实体客观化，我们与自然就越疏离。

现在，我们似乎认为自己已经超越了**这一切**（即自然），这也许是我们流水线式的自动生活方式所带来的直接后果。在建成环境中，"自然"通常被看作一股对立的力量，一个随机而不可预测的领域，这一领域不断轮换变迁，而我们必须打压和控制这种变迁。与此相反，了解事物之间的相互关系、因果关系，以及把看似不相关的因素联系起来的联动关系，这些都是**可持续认知**的组成部分。这样的认知超越了那些互不关联的封闭式看法。然而，由设计促成的现代消费文化采取的却正是这种封闭式看法。我们现在对"自然"的依赖程度与以前一样，但我们却笼罩在自己营造的错觉中，错误地认为我们已经征服了自然，已经成为自然的主人。不过，隐藏在**进步幻想**这一光鲜表面之下的生态衰退却正在逐渐形成，规模之大，史无前例。

那么，人们为何这么晚才开始关注可持续性呢？也许，这是因为我们现在才能够看到我们周围正在发生的生态变化给人类健康、繁荣和幸福带来的直接而有形的影响，而且，可持续性也越来越能够用经济术语加以量化。因此，我们要远离可持续行为所描绘的慈善、利他的表象，尽管这样做可能会被嘲笑为是**人类中心主义的体现**，但事实上这种做法可能更富有成效。除此之外，不管从经济方面还是环境方面，都再也不能忽视气候变化以及能源和物资成本的增加。

过去50年里，为了实现可持续设计、生产和消费，人们研发并采用了无数策略性方法，并取得了不同程度的成功。一般而言，可持续设计可以理解为一个策略结合体，广义上包括：为便于分解和循环利用而设计的产品，为确保减少环境影响而使用适当材料进行的设计，使能源消耗最优化并考虑使用可替代能源的设计，以及关注产品更持久的物质和情感耐用性的设计等。尽管有许多策略性方法可以做到可持续设计，并且也为可持续设计准则作出了重要贡献，但显然，可持续性问题并没有得到彻底解决，人们仍在展开至关重要的辩论，继续质疑和探讨实现可持续设计最卓有成效的方法和手段。鉴于此，本书旨在剖析可持续设计的一些观点，既质疑当前所使用的方法，也促进新策略的开发使用。

唯一普遍存在且永恒不变的事物就是持续不断的变化，这一点毋庸置疑。潮涨潮落，海岸线的侵蚀，以及全球温度的持续波动，任何事物都在变化，自古以来一直如此。为了应对人类，环境一直在进化和改变，我们也应该不断进化和改变，这一点非常重要。实际上，如果没有人类的出现，地球最终也会自我修复。这样看来，你可能会认为"可持续性并非难事"。毕竟，事实上，地球并不需要拯救——如果说需要，也许只是需要逃离人类的魔掌？因此，我们只需要想办法让人类这一物种继续生存下去，不过，要以一种（更）可持续的方式生存，这样的方式会在人类力所能及的范围内尽可能少地给生物圈带来压力。

回到 20 世纪初，在亨利·福特（Henry Ford）令人兴奋不已的革新岁月里，广受喜爱的"设计"这一术语意味着创造、进步和发展，意味着对日常生活进行更新、更好的诠释。今天，我们又回到这个话题，不过，这次是"可持续"设计意味着创造、进步和发展，并且为有远见的人和杰出人士的出现提供了真正的机会。甚至可以说，在现今这个全新而开明的可持续设计意识的年代，设计已经变得懒惰马虎，只做做表面文章，而这种做法正在逐渐破坏人们的消费意识，滋生出形形色色想要消费越来越多物品的现象。然而，要实现全新的可持续未来，设计不管作为"病"还是"药"，再次起到了中心作用。因此，从"可持续性"的角度来看，设计可以被看作是随心所欲、潮流风范、转瞬即逝这些现象的始作俑者。由此，我们可以认为"可持续"设计**正是**解决问题的妙药良方——与设计的病态现状刚好相反；"可持续"设计也**正是**穿着长裤的超级英雄，在最后一刻冲进来，带着我们快速离开摇摇欲坠的窗台。

可持续设计关乎评判。本质上，正是前卫文化本着论辩精神为设计注入活力，而论辩精神曾是创意实践的标志。在消费社会，需求不断增加，但以时尚为驱动而设计出的产品，其日常生产却正好处于消费社会的舒适区，因而成为漏网之鱼，没有受到任何批评。然而，与这些设计产品相对应的"可持续"同类产品由于参与了**批判性**流程，似乎自然就成为被批评的对象。对于任何未能达到百分百可持续的产品都"摇摇手指"表示反对，进而逡巡不前，通常来说，这种做法与改善环境的宣言严重不符。这种破坏性和非包容性的抨击令许多设计师感到不安，也无助于鼓励设计师参与更多的可持续实践。因此，为了避免批评诟病，不那么**勇敢的**设计师仍然会心甘情愿地"利用"潮流。简单地说，这种做法可以被称为"懒惰"，因为流行的设计模式不仅迅捷及时、期望值低，还能带来全面的满足感，而采纳这一做法的专业人士则可坐享安逸舒适。相反，可持续设计与此截然不同，是一门生机勃勃、充满活力的前瞻性学科，质疑事物的现行方式，并提出其他可能或者应该的方式。而且，针对所有的可持续性要求，可持续设计（除带来生态效益之外）还为那些愿意参与其中的人都提供了创意灵感、持久意义，以及名副其实的完整性。

人们可能认为**可持续设计**这一术语说明其本身是一件"事物"，是人们为了实现可持续设计必须学习和掌握的"他者"，是在道德上开明的设计之路。那些在职业生涯中已经达到"可持续设计水平"的设计人士和研究者一定会追求这样的设计之路。不过，事实上，即使没有故意为之，可持续设计也真的会在无意中发生。那么，这种情况下的设计是否还是可持续设计呢？换句话说，人们并没有刻意实现可持续性，并不意味着无法做到可持续性。反之，人们想要实现可持续性，并不意味着一定能做到可持续性。这样就创立了两分法，而同样的两分法存在于所有可持续论辩领域中，即设计是可持续的还是不可持续的？是环保的还是非环保的？是好的还是坏的？是百分百可持续的还是非百分百可持续的？结果，由于"可持续设计"这一术语往往会暗示其他所有的做法都是不可持续的，这就进一步加强了前面所说的分化，因而该术语本身也许会变得毫无益处。

可持续设计通常被看作进行**正确**设计的专业方法，即在规划、发展和生产物品、空间和体验时需要考虑的一整套额外（但却相当完整）的问题。这类设计可能是非包容性的（即排他的），通常会把可持续设计与不可持续设计隔离开来，使其相互排斥。此时，通常会形成一种错误的对立关系，在这种对立关系中，**可持续设计**与**设计**分处不同阵营，要做的事情也"明显"不同。尽管存在这种二元论，"不可持续"设计阵营的作品有时**在不经意间**却比"可持续"设计阵营的作品更具可持续性。例如，效率的基本原理通常也能同时推动可持续设计实践；主要为了降低成本而减少材料使用，这一做法经常会在可持续性方面带来间接（但却有效）的改善。同样，速度能够带来高效；与用回收钢制作的割草机相比，饱受诟病的数字时代由于其行为不会带来什么环境影响，很可能会引领我们更接近可持续性目标。这也许是错误的对立关系，因为效率的基本理念与可持续系统通常是兼容并存的。

为何要设计？

对于现代的设计师而言，要想实现可持续性，似乎有无数种方法。尽管如此，大部分设计师想要实现可持续性的话，都必须直面一个非常关键的问题："为何要设计？"乍一看，这似乎是一个见地深刻、恰如其分的问题，是可持续设计话语自然而然的产物，其核心根源是尽可能减少设计的影响。然而，进一步考察之后，我们知道，消费是人类行为自然而不可或缺的一部分。人类行为是当今生产和消费循环的核心动力，作为可持续设计师，忽视这一点就要自担风险。而且，不能简单地把所有问题的原因都归结于人类行为。我们经常看到的情况是，人们反对、抵制消费行为，进而反对、抵制带来这些消费行为的正常想法。在这种情况下，要想实现可持续性，结果之一通常是**不消费、不拥有、将就生活**。然而，如果对我们所面临的问题做出这样不假思索的反应，这完全违反了人类的深层动机——创造、生产和消费。当人们以物质的方式（如物品、材料和新技术）而不是以精神的方式（如故事、观念和友谊）来表现这些深层动机时，问题会随之而来。

就这一点来说，要求人们停止消费这一做法毫无意义。我们应该做的是重新引导，引导消费者采取更环保、更可持续的做法（正如面对艾滋病大流行，人们要做的不是尽力让世人停止性行为，而是想出更安全的性爱方式）。将就生活，就像让吸血鬼停止吸血一样困难。与此相比，采取更坏保、更可持续的做法无疑是消费者更可取的宿命。正如德库拉（Dracula）的看法，我们的消费欲望并不是**我们的过错**，我们越早接受这些欲望，就能越早迈向新生活。就真正的进步而言，内疚与自我厌弃的悲观文化会产生完全适得其反的结果。除非消费者真的欣然接受并践行这些无法满足人类欲望的可持续设计方法，并且从根本上来说愿意为此买单，否则的话，这些方法毫无用处可言。

设计师是否能够改变人们的行为呢？设计师的工作并不是坐在那里告诉人们要停止消费——告诉人们不要做某件事，这种做法几乎不会有任何成效。设计是发明与革新的必要过程，价值极高，为人所需，有可能让我们更接近可持续社会。在可持续社会中，我们是**为了**可持续消费而设计。作为一名设计师，如果你认为自己能单枪匹马拯救世界，这是不现实的。而且，这样做风险很大，因为这种做法带来的是无法实现的（乌托邦式）命运，注定会失败。相反，设计师的职责在于确保进行设计时所采用的方法（实际上）会带来审慎而深远的发展。就这一点而言，我们不能把消费两极化为**要消费**或者**不消费**——尤其是当人们在设计中这样做时，不消费模式意味着什么也不设计。

尽管设计师这一角色显然具有政治影响力，但设计师并不是政治家。然而，如果你认同消费主义，自然就赋予了设计师物品与体验推动者这一角色，这些物品与体验促进并指引着真正的可持续进展。而且，由于**不消费**，就不再需要更可持续的产品，正如不消费，人们就不会再发明并且改进任何事物一样。可以理解，有人会对此大呼"太好啦！"不过，尽管这种做法本意良好，却存在隐患——这样的消费无非就是永远的禁欲，更不用说在消费社会中这一转变所带来的巨大经济转型。这种禁欲的显著特点是具有牺牲精神的非享受型高尚文化。发达国家和发展中国家并不是要简单地停止消费，一旦我们接受这一不可避免的事实，设计师的作用就会更清楚了。因此，各国的目的一定是以促进长久可持续消费模式的方式展开设计活动。

尽管提倡不动脑筋、不加选择的产品消费具有误导性，但我们也可以说，这样的消费行为总是必要的（数千年来，人类**拥有**和**占有**物质之物的做法证明了这一点）。那么，设计一款可回收卷笔刀会改变世界吗？也许不会，但是，如果我们坚持不懈地用更可持续的产品来满足消费动机（或者欲望），假以时日，就会取得**实实在在**的改进——

在充斥着不可持续产品的今天，有相当大的空间可以进行这样的改进。以可持续方式进行设计就是在积极参与可持续事件，而不是沉迷于过度乐观的不消费理想国中进行臆想之舞。

百分百可持续？

有没有什么事物是百分百可持续的呢？冰盖依然存在，据说冰屋对自然界没有丝毫伤害。然而，面临着人们对于商业驱动型产品设计的日常需求，很难想象，生产出的产品如何才能在环境方面做到**真正**无害。产品的资源开采、生产、运输、销售、使用、处置、回收，凡此等等，都会产生某种影响。既然如此，为何还要提出"百分百可持续"这样的问题呢？从词源的角度来看，可持续性是一个"绝对"术语，指的是这种出发点很好的做法所取得的所有成绩，从这一点来看，针对可持续性的辩论似乎没有什么可讨论的余地。然而，不幸的是，这一方法同时也加强了以下观点：人们要么**是**环保主义者，要么**不是**环保主义者，其做法要么**是**可持续的，要么**不是**可持续的。这种对于现实的笼统看法甚嚣尘上，但因其把事实上复杂而多面的辩论两极化，故而毫无益处。这样一来，只要关乎可持续性辩论，诸如此类的术语看似最能迎合大众口味。然而，不幸的是，正因为如此，这些术语本应该激发人们畅所欲言，最终却阻碍并且终结了相关讨论。

另一方面，百分百的可持续性是可持续设计师的终极目标，是我们所有人的前进方向，但是在前进过程中，我们必须意识到，百分百可持续这种说法既具有包容性，也具有排他性。也许，更可行的说法是要考虑**可持续性的程度**。由此，问题就变成了"事物的可持续性程度如何？""事物能达到多大程度的可持续性？"或者"我们如何让事物变得**更**可持续？"很明显，我们迫切需要对可持续性加以衡量的新方法，这些新方法要具有包容性和广泛的参与性，能够吸引更广泛的行业民众。除此之外，用于判定衡量可持续性的新方法必须能够更有效地激发可持续性所具有的更深层次的复杂性，进而接受可能出现的创意方法的多样性。

2006 年在伦敦举行了一次百分百设计展览，展览上进行的一项调查显示，接受调查的设计行业人士中，53% 的人认为百分百可持续性**是**可能的，47% 的人认为不可能。两种对立的观点比例如此接近，这说明人们在百分百可持续性方面还远未达成共识，对于哪些做法是否有效、是否能实现，人们有自己的"认识"，而这种"认识"正是当前可持续设计实践的主要驱动力。在设计这样的主观领域，这种情况完全可以理解。然而，这样的认识所带来的做法属于太过简单并且只关注征候的范式，因而容易出问题。因此，这些认识带来的往往是关于可持续性的常见谬论，而不是倡导和采纳一种更加综合的过程，这样的过程会通过实际行动来支持全新创意方法所带来的复杂性和单方面利益，而可持续性正是这种创意方法的核心。例如，并不是说仅仅指定使用再生材料或者太阳能电池就意味着达到了可持续性的要求，就意味着成为可持续设计，认识到这一点非常重要。的确，这些改变会使事物**更**可持续，而任何为了更可持续的未来而努力的举动都应该得到支持，但我们的讨论不应该，也不能就此止步。作为一种设计原则，可持续设计要采取的行动必须超越这些直接的解决方法，要更深入地探究与创造物品相关的多层面问题，并且像其他创意原则一样，做到严谨缜密。要想取得成效，可持续设计一定不能仅仅像"附加模块"一样促使"传统设计"超越其当前形式。如果想离百分百可持续性的理念更进一步，必须尽早从内心深处更深入地接受可持续设计这一原则本身，这样一来，就能自然而然地成为可持续设计师了。

我们现在生活在一个奇怪的时代。有些人并没有做到可持续发展，却经常自认为已经做到了；而其他人明显绝望地认为不可能实现可持续性，因而尽量避免涉及可持续性问题。在统计学的意义上，生态数据预示着世界末日，带来烦人而无望的谴责，正是这一点滋生了这些人的绝望态度。这是当今时代的特征——遇到不懂的地方，人们会把复杂的争论过分简单化，强行概而论之。在类似的情况下，百分比是经常用到的描述模式。百分比的问题在于无法解释大规模的复杂性。因此，产业应该关注的是进程，而不是目的。从"规模生态学"的角度进行思考有助于制订具体的可持续方案——毕竟，从 9% 的可持续性发展到 9.5% 的可持续性也是一种进步。例如，如果你是一位初级设计师，正在为一个成功的大规模全球品牌做设计，那么，你的设计哪怕在可持续性方面只提高 0.5%，也会带来巨大的影响，特别是涉及有数百万家门店的连锁商店时。相比之下，一位在家工作的篮子编织艺人同样在可持续性方面提高 0.5%，就生态方面的进步来讲，其重要性远不如前者——尽管两人都保持了正常合理的生态形象。不幸的是，有可能做出真正改变的设计师往往会被打上环保破坏者的烙印，而那些影响更小的设计师却因为取得相对较小的成绩而轻而易举地获得了人们的欢呼喝彩。

觉醒的意识

数十年来，流行设计一直通过看似无穷无尽的**全新**产品热切地满足着消费大众的强烈需求。消费者主导设计，这一文化现象与人类表达进步、改变和发展的欲望相互关联。由此，设计使得时尚成为一种流行做法；我们设计的新产品越多，就越想要、越支持更多的新意。然而，新意是一种转瞬即逝的概念，当通过产品来表达新意时，新意所具有的不稳定性最终总是会让消费者失望。消费模式如此真实，越来越服务于人的设计产业回应得如此迅速，以至于仅仅由于时间的流逝，新事物就会变成旧事物，接着又会被更新的事物所取代，而且，就在电光石火之间，10.2.1 版本就变成了 10.2.2 版本。由于始终无法得到满足，这种周期性和浪费型的设计和营销模式在消费者的内心深处滋生出一种强烈的"饥饿之苦"。欲望、消费、浪费——紧随其后的是再一次的欲望——构成了永无休止的不满，从生态学上讲，这种不满代表着浪费的和破坏性的进程，而我们一直在这种进程中摸索着前行到今天。尽管这样的描述显得模糊不清，这种繁重的进程却代表着历经考验的经济体系。不幸的是，全球化的产业很难脱离这样的进程。

物品的大量涌现曾一度见证了人们个性和独特性的程度，但在今天却成为包括人类在内的整个生物圈所面临的繁重生态负担。对于在大众消费的背景下工作的产品设计师来说，大量的产品（自然而然）就相当于商业成功、竞争优势和成交量，这几者通常密切相关，正如"著名设计"的前提总是建立在成交量和已销售单位产品的数量之上。就这一点而言，可以这么说：资源耗竭与全球设计的成功密不可分。在流行文化设计的圈子里，富有创造力的设计人士通常渴望从独立设计师转变为一个新的高级别团队，在商业上取得成功；他们渴望从地方性团队变成全球性团队，批次生产变成批量生产，订制产品和无名产品变成"此时此刻"家喻户晓的品牌。从生态学来说，大规模生产本身并不一定是一种负作用力，然而，随着数量的不断增加，责任和负担的水平也不断提高。因此，在这种情况下，对可持续设计师来说，**机会来敲门了**：只要人们需要生产一定数量的产品，就有进行积极改变的机会，而这种改变就可以作为行动的依据。通常，专用的小规模精英类物品能够实现可持续设计。从许多方面来看，这类物品的订制设计和委托设计不一定是**真正的**问题所在，也应该以多种方式加以支持。但是，如果说这就是可持续设计的全部，或者可能做到的全部，那么，我们对于可持续性的理解就大错而特错了。从根本上说，可持续设计是关于如何减少影响的，因此，"成功的"可持续设计师当然应该去探究"成功"的所在，也就是影响最大的地方。可持续设计不可能仅仅意指在志同道合的环保主义者这样的小范围安全区域内进行的边缘性活动。由于环保意识的觉醒，可持续设计已经有能力影响主流群体。

消费者不断觉醒的意识日益驱动着当今的需求，他们迫切希望出现更多有意义的产品，真正能够做到丰富多样的生态环保，同时还具有合理**可行的**伦理地位。当前，更有见识的消费者正在质疑曾经广受欢迎的过剩文化，这种文化在过去的几十年里一直是这个制造世界的特征。当然，针对市场驱动，各种品牌会很乐意做出回应。不过，某一个跨国公司的集体生态意识的程度不一定能激发董事会层面的伦理改变，只有立法才会驱动公司层面的变革。仅仅英国的立法就已经产生了重大的影响，但是，就全球市场来看，产品在世界各地销售，对于符合立法规定的产品方面的需求越来越迫切。因此，更开明的市场为有能力的可持续设计师提供了机会，而立法对于跨国产业的影响则确保了这些机会在商业领域和竞争激烈的领域得以实现。简而言之，由于社会和政府的改变，人们对可持续设计的经济需求不断增加。这是多么美好的时光啊！

从理论到实践

　　为什么全面参与工业活动那么重要呢？毕竟，一想到工业，人们脑海中就会浮现出类似世界末日的老套景象：从烟囱里排出的滚滚浓烟，燃烧大量的化石燃料来转动"工业的巨轮"。这也许是一幅悲观的景象，但是，面对充满成见的"工业"这个词，大多数人都会认同这一悲观景象。然而，在可持续设计的理论研究之外，正是在工业这一领域，人们实实在在地做出了决策，把观念变成商品，变成物质形式，并打包、托运和销售，也正是在这一领域，材料被制作为产品。因此，想要不讨论工业，或者要在工业实践中排除甚至妖魔化工业的利润导向需求，这样的做法只是笨拙地避开了可持续性这个问题。但是，要把理论和实践这两个经常相互冲突的世界结合起来绝非易事。看看工业在可持续实践方面的尝试，再看看综合性和应用性可持续研究的缺乏，有一点似乎很明显：在最需要可持续性的领域，有的却是对可持续进程没有任何帮助的阻碍。

　　那么，到底是什么在阻碍理论与实践之间更大的传导性呢？有大量的理论可以说明这一现象产生的原因，但是，很明显，就目前来看，这一争论的双方好像没法兼容。在商业背景下，股东往往要求确保对研究的投入必须出于一种责任，一种与（市场研究）发展的商业途径直接相关的责任，也因此形成了一种被人们忽略的倾向。

　　提高设计过程和实践的可持续性这种做法似乎并不具有强制性，而且，人们认为这种做法也许会给经济发展和创新发展带来经济要求和限制性要求，或许由于这些原因，人们经常会避免甚至拒绝投资可持续设计研究。通常来说，这个以商业为导向的系统与理论研究的非商业性学术特点并不兼容，因为理论研究是在一个全然不同的具有发展性的时间尺度和资助体制中运行的。两个领域中对成功的衡量标准也截然不同——在理论领域，成功与否主要在于原创性和对研究领域所做贡献的程度。除此之外，由于不受以利润为核心的工业的日常限制，理论研究往往作为一个发展相对自由的学术过程而存在，其使用的语言也往往呈现两极化特点，这样的语言对设计这个创意产业来说遥不可及，因此也远远没能洞悉设计实践的核心，而这一核心区域正是最需要理论研究的地方。

现在出现的是**胡萝卜加大棒**这种软硬兼施的做法，一方面是立法带来的规范行为，另一方面是市场不断增加的伦理意识，二者共同激励并不断要求公司重新考虑其伦理和环保实践。相比之下，税收造成了巨大的经济负担，而市场的伦理意识不断增强，伦理需求的影响力在商业方面也颇具诱惑力。在整个创意领域中随处可见的这种觉醒的意识仅仅是更广泛的文化觉醒的一部分，这种文化觉醒正在当今世界逐渐显现。从大众媒体到气候模式的显著变化，再到高调的宣传，许多影响因素也在不断加强这样的文化转换，从经济和政治层面驱动着诸如《斯特恩报告》（*Stern Report*）这样的研究。

乍一看，这一新兴而开明的市场形势全是好处，而且，在许多方面也的确如此。然而，如果不对新出现的问题和机遇进行认真合理的回应，我们很可能会把可持续性变成一种短暂的潮流，而不是变成使可持续性变得可持续的深刻文化转变。同时，随着销售商不断采用大量伦理导向性陈述，但却鲜有后续行动，消费者会变得很困惑。这种现象会在消费者和生产商之间营造出进步的假象和错误的安全感，从而在许多方面使我们更加远离问题的解决方法和有意义的进程。我们正在朝着以更**生态 - 经济**的方式促进商业发展的方向转变，生态需求与市场需求相结合，创造出机会使生产商、消费者和环境之间能进行更可持续的交流。事实上，在未来，将从可行性**和**金钱两个维度来衡量成功。有些更"具前瞻性的"公司会迅速利用这些新的知识领域并取得成功，而其他公司则不会这样做。在这个新的**生态 - 经济**语境中，设计师可以为市场发展提供独特的见解和切实可行的能力，而不是仅仅受雇来解决"前景美好的"事情提供"口惠而实不至的服务"。如果处于可能促成并引导积极的**生态 - 经济**进步。

关于本书

不管你喜不喜欢，要创造可持续的未来，设计起着举足轻重的作用。尽管人们对可持续设计的认识水平不断提高，也越来越清楚可持续设计可以带来多大的好处，可持续设计这一领域依然极具争议、表象复杂、令人困惑，有时甚至自相矛盾。不过，这样的矛盾与困惑也是许多创意的来源。要实现可持续性，明智的讨论不可或缺。《设计师的远见卓识与案例》一书通过搜集、整理和论述在可持续设计方面的诸多不同看法，进而展开明智的讨论。本书收录了许多人的观点，不仅包括少数一开始就对可持续设计感兴趣的善意之人，还包括可持续论辩中更广泛的创意团体，由此，本书构建了一套综合的知识体系，拓宽了可持续设计的参与度。

《设计师的远见卓识与案例》一书的投稿人都是当今可持续设计讨论前沿的主要支持者，本书适合所有创意领域的从业者，包括专业人士、学者和学生。本书章节投稿人包括埃佐·曼奇尼、约翰·萨卡拉、凯特·福莱特、阿拉斯泰尔·福阿德-卢克、斯图尔特·沃克和约翰·伍德。本书极富挑战性，为读者提供了大量未来愿景、重要建议、创意构思以及设计策略，从现在就开始营造可持续的未来。本书各章节里还附有由创意产业从业人员创作的图片稿件。这些图片通过一个名为"100%可持续吗？"的信息采集站搜集而来，是2006年在英国伦敦举行的"100%设计"展览的重要部分。国际设计行业的3.8万名代表参观了此次展览，他们受邀提出自己的远见卓识，毫无保留地描述自己对可持续设计的认识。本书中出现的见解就是这100种远见卓识中的一小部分。

现在，有许多书籍都是关于可回收性设计，关于可替代能源，或者关于可降解材料的详细说明，与此不同，本书提出的是可持续设计方面的全新理解，呈现了一系列由世界顶尖的可持续设计思想者们完成的文章，这些文章极富挑战性，有时候会让人感觉不好，而且一直以来都具有争议性。这样一来，借由这种丰富的批评文化，本书就能为可持续设计话语添砖加瓦。这种批评文化正是创意产业内有效的理论与实践所具有的特征。

可持续性挑战是设计事件，严格来说，本书是**为了**可持续设计而写，但结果却**超越了**可持续设计研究的范围。不管在学术领域还是商业领域，我们经常看到可持续设计实践被无意地两极分化。本书的内容极具启发性，填补了两大领域之间的"模糊"地带，为设计师和研究者之类的人士打开了大门，使他们之间信息交流更畅通。而且，本书大量重要的内容包括公共利益、环境立法和设计参与（研究和实践），这些都强调了本书的时效性。

本书的目的在于通过搜集、整理和描绘迥然不同、互不关联的知识体系来加深对可持续设计在理论和实践方面的理解，这样的知识体系正体现了现在可持续设计的特征。由此，通过把先前互不关联的知识体系联系起来，跨学科思维就能拓展理论方面的理解。可持续设计是一场讨论，在这场讨论中，基本原理、哲学理念和工作方法论都超越了学科界限。当今时代奢侈浪费，生态危机迫在眉睫，环境立法越来越多，可持续设计进展有限。在此背景下，把世界各地可持续设计领域的知识联系起来，就会出现新的见解，有助于进一步弄懂相关概念，为积极的社会、经济和环境发展奠定基础。

TODAY ⟶

BUY THING YOU TREASURE

TOXIC DESIGNED PRODUCT INSIDE

OK at patterns in nature . Networks hallenge your world view. Integrate Be prepared to change . Be joyful

SUStainability is taking ourself /ourselves seriously as human beings, and recognizing our own best

sustainability is not about global warming and recycling — more — or less — than it is about the responsibility of each and one of us to pursue a more balanced life, a better life and a more meaning- full life !

As much as
possible

↑

?
□ WHY

O ─────────── □
ME   10
Recycling   Years on
10 years ago

① CARBON
DIOXIDE WAS
SPEWED INTO
THE ATMOSPHERE
BY VOLCANIC ACTIVITY
WHEN THE EARTH WAS
YOUNG.

② MANS ARRIVAL MEANT
MINING FOR OIL. OIL
WAS UNLOCKED FROM THE
EARTHS CRUST, AND
MILLIONS OF YEARS WORTH
OF CO_2 HAS BEED BURNT
IN AN EXTREMELY SHORT
PERIOD OF EARTH TIME. IN
APPROX 100 YEARS, THE
OIL IS ALL GONE!
- UNSUSTAINABLE!

OVE...
OF Y...
PLAN...
ABSO...
CO_2. A...
THEY S...
SEA BED
DECOMPOS...
OIL...

THE CARB...
LOCKED ...
FOREVE...

④ THIS HAS LEAD TO AN IMBALANC...
THE CLIMATE THAT WE ARE USED T...
⑤ OIL SHOULD BE GROWN IN THE FUTT...
NOT MINED. WE CAN ...
BY GROWING OILY PLANTS
BIODIESEL, WHICH IS SUSTAINABLE A...
SAFE BECAUSE THE PLANTS ABSORB...
CO_2 AS THEY GROW. THE SAME AMO...
RELEASED WHEN THEY ARE BURNT A...
BIODIESEL.
CYCLE ←

harvest
bio-luminescence genes

transfer genetically modified
chemistry to paint

KEEP THEM VERTICAL ↑

FANTA
LATE

paint rooms.....   so they glow
                    at night requiring
                    less electricity

2 重新界定（可持续）设计的目的：成为设计的赋能者 协同设计的催化剂

阿拉斯泰尔·福阿德 – 卢克

概　述

可持续设计的倡导者们一直不断地塑造一种全新的设计观念，其核心是企业的"三重底线"（triple bottom line，TBL——同时追求经济繁荣、环境质量和社会公平）。不幸的是，他们的影响非常有限。持续的经济增长和人口增长正在抵消具有生态效率的产品和服务所取得的成绩。设计专业人士很擅长"为商业而设计"，但他们通常不太擅长"为环境而设计"，更是很少参与"为社会而设计"。审美上的法西斯主义和拜物主义与营利目的密切相连，设计师迫切需要摆脱这两者的束缚。设计需要新的目标。仔细想来，也许设计的真正价值在于其**过程**。这需要新一代有思想的设计从业人士在找出解决办法的过程中愿意帮助社会设想各种情况，鼓励人们参与，并且最大限度地进行合作。设计师成为设计的赋能者，充当催化剂的作用，在设计未来时，**与社会同设计**，**为社会而设计**，**由社会来设计**。协同设计会带来新的结果，使人工制品具有新的功能可见性，激发行为改变，并且形成新的社会价值观和创业精神。

引　言

也许人们真的必须在伦理和美学之间进行选择，但是，不管你选择

哪一个，总会在路的尽头发现另一个。

——让 - 吕克·戈达尔（Jean-Luc Godard）

作家蕾切尔·卡森（Rachel Carson）及其里程碑式的著作《寂静的春天》（*Silent Spring*）几乎独自引发了 20 世纪 60 年代的环境保护运动，进而解救了那些世界观已经超越商业伦理的设计师。环保先驱包括理查德·巴克敏斯特·富勒（Richard Buckminster Fuller）、维克多·帕帕奈克（Victor Papanek）、克里斯托弗·亚历山大（Christopher Alexander）和伊凡·伊里奇（Ivan Illich）等人，他们相信设计能够，而且应该把商业需求与社会和环境需求结合起来。然而，他们的观点大多接连被西方世界的政治经济势力所忽视。在之后的 30 年里，全球经济的蓝图如愿以偿地铺展开来。尽管时而会遭遇石油 / 能源危机、失业问题和经济衰退，国内生产总值（Gross Domestic Product， GDP）的不断增长一直是发达国家、发展中国家和新兴国家共同追求的目标。设计使得经济抱负实体化。更严格地说，新潮设计公司（design à la mode）的雷蒙·罗维（Raymond Lowey）创造了像变色龙一样灵活多变的美学标准，其中融入了最新的科技，但同时也导致了人工制品的过早衰亡；每一代的人工制品很容易就被新的"欲望之物"所取代。设计师就处在这张欲望之网的中央，为物品带来生命。而商务策划师、销售人员和经济学家早已打着公众"需求"的幌子主宰了这些物品的存在。奈杰尔·怀特利（Nigel Whiteley）干净利落地废除了"消费者主导型"设计的理念（Whiteley，1993），正如大约 40 年前万斯·帕卡德（Vance Packard）所做的一样（Packard，1957，1961）。然而，绝大多数设计师所持的伦理观却隶属于商业世界观。在今天看来，设计、设计的含义、设计存在的理由以及设计的哲学核心就等同于生产、销售和消费等商业行为。

当然，针对设计观念与商业观念之间的相互依赖，设计师提出了质疑，尽管参与争论的主要是学者，而不是设计从业者［参见 Balcioglu，1998； Buchanan and Margolin，1995； European Academy of Design（EAD），2003］。有些人认为设计既要对商业负责，也要对环境和社会负责，他们挑战了人们默认的"为商业而设计"这一范式。设计实践中的改变显而易见，但却非常缓慢，并且通常处于边缘化的地位，因而似乎不太可能给全球经济这辆重型卡车在方向和速度方面带来激动人心的显著变化。这是否意味着设计需要重新审视自身的观念、目的和影响范围呢？这是设计史上的关键时刻吗？要应对创造更可持续的生活和工作方式这个复杂的挑战，需要进行社会变革，设计能否有助于实现这样的社会变革呢？一些令人振奋的迹象显示，新的设计方法能够为此做出积极的贡献，但首先需要考察迄今为止的可持续设计进程。

增长的局限：生态效率与商业

20 世纪 90 年代，一套里程碑式的三本书籍强烈建议商业改变其原有轨迹，转而支持生态效率的理念，因为这种做法在减少环境影响的同时还能满足股东的需求，并尽到社会责任（Elkington，1997；Fussler and James，1996；Hawkin et al.，1999）。书中提出的方法极富想象力，其基础在于对商业需求的真正理解。艾尔金顿创造了"三重底线"一词，将其定义为"同时追求经济繁荣、环境质量和社会公平"。三重底线模式要求转换当前的商业实践，转而支持可持续发展理念。格罗·哈莱姆·布伦特兰（Gro Harlem Bruntland）首先提出了这一理念，他指出，可持续发展指的是"既满足当代人的需求，又不对后代人满足其需求的能力构成危害的发展"（Bruntland，1987）。

一些商业领域受到激励，行动起来，围绕生态效率议题形成了一个中心机构——世界企业永续发展委员会（World Business Council for Sustainable Development，WBCSD），该委员会是一个全球企业协会，致力于找到更环保、更具社会责任感的商业方法。查特和蒂什纳（Charter and Tischner，2001）记录了制造业和服务业为了研发出更可持续的方法而进行的最前沿的思考和实践。麦克多诺和布朗嘉特（McDonough and Braungart，2002）认为，我们需要彻底反思"我们制造物品的方式"，并且提出了"三重顶线"（triple top line，TTL）概念，此概念的目的是平衡经济、社会和环境三方的责任，以期达到三赢，重点是"有效性"，而不是"效率"。

有迹象显示，这样的信息切中要害，挑战了商业文化。在入选英国富时（Financial Times Stock Exchange, FTSE）100 的公司中，现在一半以上都在定期发布企业社会责任（Corporate Social Responsibility，CSR）年度报告，详细说明自己的公司为社会所做的积极贡献和所减少的环境影响。跨国公司很快注意到合乎道德的投资行业和有机食品的生产与消费在过去十年里表现出持续而显著的增长。许多合乎道德的知名品牌公司成立于20 世纪 70 年代，近来接连被跨国公司兼并：欧莱雅（L' Oréal）兼并了美体小铺（The Body Shop）；联合利华（Unilever）兼并了本杰瑞（Ben & Jerry's）；高露洁（Colgate）兼并了缅因汤姆（Tom's of Maine）。英国石油公司（British Petroleum，BP）把自己重塑为一家电力公司，随时关注着后石油峰值（Peak Oil）时代的前景。特别引人注目的是，甚至公司名义上的领导人也被看作环保英雄。英国石油公司的总裁约翰·布朗（John Browne）爵士就被英国环境部列为有史以来100位环保活动家中的第85位（Adam，2006）。一家英国报纸的陈列式广告中，25%都会涉及公司产品/服务的生态利益和社会利益（*The Guardian*，2006）。像英国未来论坛（Forum-for-the-Future）这类非营利性机构赞扬并大力推崇商业在可持续性方面所取得的进步，详细陈述现在的公司在可持续性方面的各项举措，并且不断助力新兴的生态创业家（eco-preneur）。这样的言辞是否等同于朝向更可持续的商业迈出的有意义的进步，关于这一点，人们并未达成一致，但是至少商业界表明了他们积极的意图。

商业界已有积极改变的迹象，现在的情况是要弄清楚这些改变对于一般的商业而言到底有多重要。快速浏览一下全球公司和产品层面的情况就能回答这个问题。就全球范围来看，世界企业永续发展委员会当前有大约180位成员。道琼斯可持续发展指数（The Dow Jones Sustainability Indexes，DJSI）是一个非营利性的独立审查系统，用于评估企业的可持续性和财务业绩，有320位成员，其中半数以上位于欧洲。

道琼斯可持续发展指数只有320位成员，但是主流的道琼斯威尔希尔（Wilshire）房地产证券指数（RESI）和（全市场）房地产投资信托基金（REIT）指数却有5500位成员，这说明只有5.8%的跨国公司选择加入道琼斯可持续发展指数并接受独立审查，以此表达对可持续行为的支持。道琼斯威尔希尔5000综合指数（The DJ Wilshire 5000 Composite Index）中的美国公司，仅有1.3%是道琼斯可持续发展指数的成员。许多财富500强（Fortune 500）公司也没有加入道琼斯可持续发展指数。

这些数据似乎说明，只有"早期就采纳道琼斯可持续发展指数的公司"，也就是全球不到5%的公司真正致力于三重底线和可持续商业理念。

即使对设计和可持续性持开明态度的公司，也在努力让人相信他们的整体商业模式能够实现长远可持续性的目标。荷兰电力与电子企业集团飞利浦公司（Philips）为研发生态设计和生命周期分析（life cycle analysis）方法做出了重要贡献，在该集团2005年的企业社会责任报告中列举了近200种绿色旗舰产品（Philips，2006）。这些产品代表了最佳的生态设计实践，在至少两个飞利浦环保焦点领域（Green Focal Areas，如能源消耗、包装、危险物质、重量、回收和处理、使用期内的可靠性）中取得了显著提高。然而，飞利浦公司的各个部门（如消费品部门、照明部门、医疗器械部门）各自都生产有成千上万件产品，这使得整体的生态效率进步似乎并不明显。再加上近年来不断增加的销售量，事实上，即使像飞利浦这样开明的公司在减少对全球环境的影响方面所取得的进步也是微乎其微的。

最后，从产品层面来看，看待某一产品的生态效率，必须关联该产品所支持的商业体系。一家水制造商贝鲁水公司（Belu）推出了第一个"可生物降解瓶"。贝鲁水公司的一位联合创始人玛丽莲·史密斯（Marilyn Smith）说道，"贝鲁水公司的可生物降解瓶是减少垃圾填埋场垃圾数量的一种方法，也使得消费者每次走进商店都能够有机会支持创造更清洁的地球"（Design Bulletin，2006）。当前世界范围内大部分由聚对苯二甲酸乙二醇酯（Polyethylene Terephthalate，PET）制作的水瓶从未被回收循环，最终要么进入垃圾填埋场，要么堆积堵塞在地表河流或者污水系统里。想到这一点，可生物降解瓶的做法似乎是一种很受欢迎的革新。然而，这种看法并没有关注到总体情况，因为它并没有揭示出在生产和消费系统中这瓶水真正的能源和环境代价。

4 倍解决方案（Factor 4）这一概念指的是更有效地利用自然资源，使其创造出双倍的产出 / 财富，并将资源使用减半（von Weizsäcker et al.，1995）。尽管 4 倍解决方案呼吁人们减少资源消耗，商业或者社会要想在人均物质流（per capita material flows）方面有所减少，面临着巨大的挑战。消费者每获得 1 吨商品，就会产生 30 吨废物，而且，这些商品中的 98% 最终会在 6 个月内被扔弃（Datschefski，2001)。当前，发达国家消费全球资源的**速度**相当于三个地球的"环境空间"（MacLaren et al.,1998）。随着中国、印度和东南亚的"小虎"国家的中产阶级消费者的人数急剧上升，同时发达国家也并没有真正放缓其消费，全球人均消费必然增加，而不是减少。可持续消费议题不仅极为复杂，而且糅合了政策制定、核算程序、认知心理反思，以及关于消费的文化误解，令人大伤脑筋。这一切似乎说明可持续消费是全社会所面临的挑战，而不是仅仅靠生产行业采纳具有生态效率的措施就能解决的（Jackson，2006）。

如果用英国政府自己的重要指标（图2.1）去衡量世界企业永续发展委员会成员、飞利浦公司或者贝鲁水公司对可持续发展所做的贡献，除了使用国内生产总值指标之外，他们不太有能力真正量化公司是否起到了积极的作用。来自英国的数据显示，经济增长与资源消耗和环境负面影响之间并未截然分开［环境、食品和农村事务部［Department for Environment, Food and Rural Affairs（Defra），2004］。如果公司必须用福阿德 - 卢克（Fuad-Luke，2005）提出的模式（图2.2）来衡量他们通过自己生产的产品带来了多少福祉，那么，毫无疑问，结果只会更令人头疼。对于商业而言，真正的挑战在于：商业是否能在确保社会公平和减少环境影响（这意味着大量减少资源的使用）的同时带来经济福祉？商业如何才能把商业增长与给环境和社会带来的弊端分隔开？什么样的新企业模式可能会实现这样的想法？最后，也是最重要的一点，设计是否应该回答这些问题？

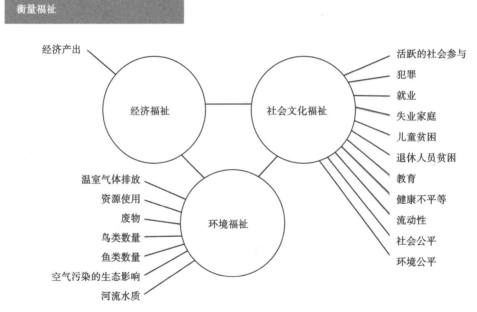

图2.1
英国政府可持续发展重要指标

设计与"福祉"模式

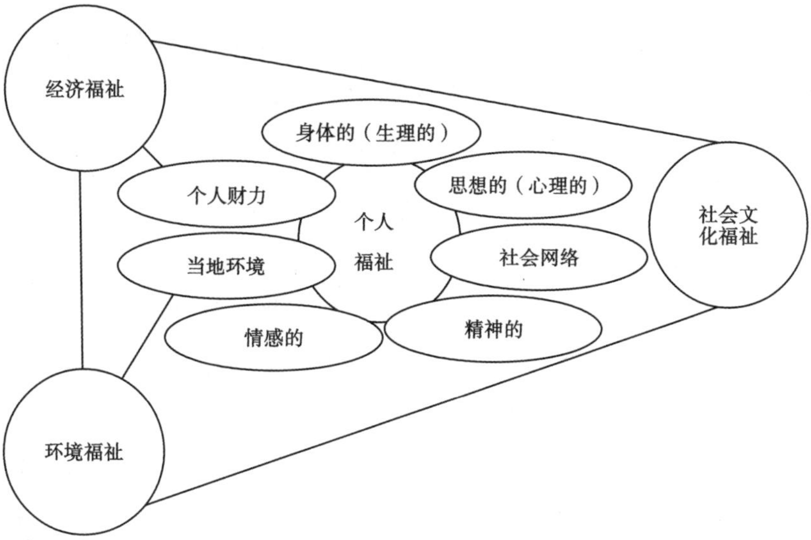

图 2.2

设计与"福祉"模式

来源: 摘自福阿德 - 卢克(Fuad-Luke ,2005),"一种新的福祉模式,据此设计的'产品'能使人、环境和利润永续持久",《迈向可持续产品设计 10》,可持续设计中心,法纳姆城堡,法纳姆,英国,2005 年 10 月 24-25 日。

这些问题给日常政治经济领域中独特的设计方法带来了挑战。把设计看作福祉的创造者,就能提供一种框架,可以在此框架之内去设想可持续性设计挑战和关于"反思性消费"的新论断。"为反思性消费而进行的设计,目的是在承认经济可行性、环境稳定性和社会文化利益的同时,提高人们的生理、心理、情感和精神等方面的福祉"(Fuad-Luke,2005),而福祉被看作"……一组背景属性(context properties),人们认为这些属性具有积极意义,人们的行为策略也是为了实现这样的属性"(Manzini and Jégou,2003)。

创造福祉,而不是生产产品和提供服务,这能否成为设计的新目标呢?

设计遇到的问题

20 世纪 80 年代中期，约翰·埃尔金顿（John Elkington）接受英国设计委员会（UK Design Council）的委托，撰写一份关于绿色设计的报告（Elkington，1986）。他在报告中提出了一份十点清单（表 2.1），这是一种常识性方法，既能为客户省钱，又能以更小的环境影响创作好的设计作品。自此，在绿色设计、生态设计和可持续设计方面持续出版了一系列的书籍供工业设计师和产品设计师使用，这些书籍研究透彻、明白易懂、切实可行，而且鼓舞人心（例如，Mackenzie，1990；Whiteley，1993；Burrall，1991；Papanek，1995；Datschefski，2001；Fuad-Luke，2002，2005；Lewis et al.，2001；Ryan，2004）。尽管有如此多可以利用的素材，但可持续设计实践在英国的渗透却很有限，设计委员会过去三年的两份报告就证明了这一点（Otto，2002；Richardson et al.，2005）。可持续性就是不在大部分设计师的关注范围之内。设计专业人士很擅长"为商业而设计"，但是对于"为环境而设计"却把握不深刻，更少参与"为社会而设计"。从 100 位"偶像级"设计师的个人宣言可以看出，仅有 1% 的设计师把可持续设计思维铭记于心（他们把环境因素、社会因素和经济因素联系起来），5% 的设计师偶尔会记起生态设计思维（把经济因素和环境因素联系起来），而占总数 94% 的绝大部分设计师关注的是设计的其他方面（商业、生产、美学、情感、创新、数码）。

表 2.1　20 世纪 80 年代中期绿色设计师问题必备

·是否存在带来灾难性（环境和社会）事故的风险？例如，是否可能导致大灾难的发生？
·产品能否更清洁？例如，能否产生更小的污染？
·产品是否高效节能？
·产品噪声是否更小？
·产品是否应该更智能？例如，产品是否能监测并控制自身性能，使其更高效？
·产品是否过度设计？例如，产品是否功率过大或者太浪费材料？
·产品能使用多久？例如，产品的使用寿命是否可以延长？
·当产品使用寿命结束时会怎么样？例如，如何处理这些产品？能否再利用或者回收利用？
·产品能否找到环保市场？例如，危险材料能否转化为安全无毒的材料并提供新的用途？
·产品是否吸引绿色消费者？

来源：约翰·埃尔金顿合伙企业（1986 年）"绿色设计师问题必备"，英国设计委员会。

表 2.2 强调了在英国专业人士进行可持续设计实践时所面临的重要障碍（Richardson et al.，2005）。设计师缺少技能，对决策者几乎没有任何影响力，也得不到企业和政府足够的支持。在设计师看来，缺乏雄心抱负的情况部分是由生产商、消费者和设计师三方的复杂关系造成的，三方都没有能力或者都不愿意独自采取可持续行动。此外，设计教育者和高等教育机构对可持续性这一议题回应很少，这似乎进一步恶化了当前的情况。

表 2.2　采纳可持续设计实践的障碍

设计师面临的障碍
·需要更多的技能
·设计师影响力不够大
·不流行 / 遭遇误解
·"很难说服"消费者 / 客户
·认为可持续产品设计（sustainable product design，SPD）造价更高
·缺少适当的工具 / 方法
·缺少政府支持
·缺少消费者的需求
公司（生产商）面临的障碍
·商业案例——形成一个完善的商业案例，超越那些引起人们关注的短期单一性事件
·缺少需求——市场不断增长，但就市场份额而言，仍然很小，只针对特定客户
·外部成本内部化——效率有所提高，但通常会增加企业净经营成本
·缺少政策激励——税收优惠或补助不足
消费者面临的障碍
·预算目标与成本认识：价格更高则不会选择可持续产品；普遍认为可持续产品和服务更昂贵
·方便 / 习惯：人们不愿意改变习惯，同时高估了可持续消费会带来的不便之处
·意识：人们对当前的信息和选择感到困惑，不信任信息提供者
设计教育者面临的障碍
·学生需求水平低
·高等教育机构在兴趣、理解和对可持续性重要性的认识等方面的水平都比较低，因此几乎不支持可持续设计
·企业需求水平低
·在鼓励需求 / 课程改革方面政府支持力度低
·广泛的专业技能配套（列出了 30 项技能）
·没有毕业生作为可持续设计师所取得的业绩记录，或者记录不详细
·在市场上缺乏设计声望

续表

> · 当前，可持续性并没有被看成设计教育主流的一部分
> · 缺少适当的工具 / 模式和正式的知识共享网络来帮助学生 / 设计从业人士
> · 缺少有经验的讲师 / 导师
> · 缺少创业专门知识
> · 可持续产品设计需要终身学习
> · 专业人士和专业中心之外的知识交流网络匮乏
> · 在校学生生态素养不高

认可这些障碍就等于认可设计人士只能服务于商业利益。如果真实的愿景是可持续商业，那么，设计也必须服务于社会和环境。这对设计的核心概念、设计的教授方法以及实践方式都提出了挑战，迅速把讨论集中在设计的责任和设计伦理上。20 世纪 90 年代初期，一些出类拔萃的设计思想家们就充分地讨论了设计的责任和设计伦理这样的话题［见 Buchanan and Margolin，1995，以及米切姆（Mitcham）、弗赖伊（Fry）和曼奇尼的论文］。欧洲设计学院（EAD）的"设计智慧"大会上也讨论了这些话题（EAD，2003）。这要求设计要应对当前的哲学危机（Cooper，2002），要逃离自己强加于自身的"美学传统之牢笼"，要找到新的生产方式（Walker，2006）。设计作为一种行业和专业领域，似乎无法或者不愿意在可持续性的挑战中走在前列。但与此矛盾的是，可持续性理念为设计提供了一个最好的平台，使其能重塑自身，并且创造出全新的前景和目的。

复兴设计理念

尽管设计的日常表现形式都紧密围绕着流行与过时这样的循环以及商业伦理，但仍然有许多合理的讨论挑战着设计理念，这样的讨论可以被看成一种设计激进主义（design activism），主要围绕各种不同的机构或者网站展开，例如：

· 久负盛名的老牌协会［例如：英国皇家艺术协会（Royal Society of the Arts）］；
· 由政府资助的机构内的团队或者倡议［例如：英国设计委员会的 RED 研究中心、"2007 当代设计项目"（Designs of the time 2007，Dott 07）］；

· 非营利基金会［例如：荷兰的"珍爱一世基金会"（Eternally Yours Foundation）、美国的"慢实验室"（SlowLab）、荷兰的"正向闹钟"（Positive Alarm）、欧盟的O2研究项目、美国的"人本建筑"（Architecture for Humanity）］；

· 欧盟资助的研究项目［例如："新兴用户需求"（Emerging User Demands，EMUDE）、意大利的"每日可持续"（Sustainable Everyday）、英国的"可实现的乌托邦"（Attainable Utopias）］；

· 网络杂志和博客［例如：设计邦（Designboom）网站，《实验》（*Experientia*）杂志，《大都市》（*Metropolis*）杂志，抱树人（Treehugger）网站］。

关于设计需要为社会提供什么服务，有各种不同的说法或者方法，包括开源设计（open-source design）、以用户为中心的设计（user-centered design）、用户创新设计（user-innovation design）、服务设计（service design）、元设计（metadesign）、体验设计（experience design）、移情设计（empathetic design）、包容性设计（inclusive design）、通用设计（universal design）、协同设计（co-design）和慢设计（slow design）（表2.3）。每一种方法都是设计激进主义的一种形式，尽管各自关注的福祉领域并不相同（图2.3），但都是可持续福祉的一种模式（Fuad-Luke，2005）。这种松散的框架要求设计师回答一些问题，诸如要采用哪一种方法？自己的设计在哪些方面以何种方式带来福祉？这种框架提供了一种渠道、一种方法，并由此来察看某种特定的设计语境。该框架并不是规范性的，它仅仅搭建起了一个潜在的探究平台。该框架认为设计是福祉的给予者，是使现状变得更好的变革推动者［同以下赫伯特·西蒙（Herbert Simon）的观点］，引领设计超越了规范性的商业圈。

表2.3　设计激进主义——为了更美好的社会

设计激进主义	定义	来源
开源设计	开放式设计指的是对开放性资源以及因特网的协同本质展开调研并加以利用，进而制造物品。人们会在可能缺乏资金或者商业利益的公益项目中投入时间和技能	维基百科（Wikipedia），2006年11月

续表

设计激进主义	定义	来源
以用户为中心的设计	以用户为中心的设计指的是一种设计理念，也是一种设计过程。在这一设计过程的每一个阶段，都充分考虑某一界面或者文件的终端用户，考虑他们的各种需求和局限。	维基百科，2006 年 11 月
	以用户为中心的设计描述的是基于用户需求而进行的设计。	D.A. 诺曼（Norman, D.A., 1986）《设计心理学》（The Psychology of Everyday Things）
	关于以用户为中心的设计，最基本的一点在于：最佳的设计产品与服务源自对用户需求的充分了解	A. 布莱克（Black, A.），设计委员会，2006 年 11 月
服务设计	服务设计既可以是有形的，也可以是无形的，包括人工制品，也包括通信、环境和行为。服务设计详细说明并构建了通过技术网络而相互关联的社会实践，这些实践会把重要的行动能力传递给每一个特定的用户	维基百科和设计委员会，2006 年 11 月
元设计	元设计是一种新兴的观念体系，目的在于明确并建立社会和技术基础架构，在该架构之下则是协作设计的各种新形式。元设计延展了传统的设计观念，使其超越了系统最初的发展，进而涵盖了用户与系统之间共同适应的过程，而这些过程使用户能够担当起设计师的角色，并且颇具创意	E. 贾卡尔迪（Giaccardi, E.）和 G. 费希尔（Fischer, G.）（2005）"创意与演进：元设计的视角"，欧洲设计学院第六届国际会议（EAD06），主题：设计 > 系统 > 演进，不来梅艺术学院（Bremen, University of the Arts），2005 年 3 月 29–31 日
体验设计	体验设计指的是以个人或者群体的需求、愿望、信仰、知识、技能、体验和观念为基础，设计产品、过程、服务、事件和环境等方面，其中每一方面都是一种人类体验。	维基百科，2006 年 11 月
	体验设计努力营造出超越产品和服务的体验，超越了传统设计的范围。	美国平面设计协会体验设计项目（AIGA Experience Design），2006 年 11 月
	体验设计的驱动力是对人与品牌之间亲密"时刻"的关注，以及对这些时刻带来的记忆的关注	R. 阿迪尔（Ardil, R.），设计委员会，2006 年 11 月

设计激进主义	定义	来源
移情设计	"移情、直觉、灵感和主观想象都具有不明确的意义，移情设计实践把这些主观方法与用户数据和其他客观信息来源结合起来。"	A. 布莱克（1998）"移情设计：以用户为中心的创新策略"，出自国际商务大会新产品研发流程，T. 马特尔玛基（Mattelmaki, T.，2003）引用于"探查：为设计移情而进行的学习体验"，科斯金恩（Koskinen）等人，《移情设计——产品设计中的用户体验》（*Empathetic Design—User Experiences in Product Design*），IT 出版社，赫尔辛基，第 119－130 页
包容性 / 通用设计	包容性设计要确保环境、产品、服务和界面满足各年龄阶段和能力层次的人。	海伦·哈姆林研究所（Helen Hamlyn Research Institute），2006 年 11 月
	包容性设计指的是设计师、生产商和服务提供商确保其产品能满足最广泛受众的需求。	英国贸易和工业部（2000）前瞻计划［DTI（2000）Foresight programme］，贸易和工业部（Dept of Trade & Industry），伦敦
	通用设计旨在使产品、服务和环境的设计能为尽可能多的人所使用，不管他们的年龄、能力和职业如何	维基百科，2006 年 11 月
协同设计、协同创造、参与式设计、协作设计、合作设计、转型设计	参与式设计（participatory design，PD）指的是一种设计框架和相关的设计方法，提倡用户参与到产品的设计之中，从政治立场上讲，支持了工人的权利。	杰夫·阿克萨普（Axup, Jeff）——移动社区设计（Mobile Community Design）博客，2006 年 11 月
	参与式设计这一术语指的是大量方法与技术，其基础理念为：使用某一人工制品的终端用户有权决定该物品的设计	约翰·M. 卡罗尔（Carroll, John M.），"西蒙（Simon）设计中的参与维度"，《设计问题》（*Design Issues*）第 22 册，第 2 期，第 3–18 页，2006 年春季刊，美国麻省理工学院

设计激进主义	定义	来源
慢设计	慢设计"旨在减缓（经济的、资源流的和人体的）新陈代谢，推崇慢，是对当前设计范式中'快'的制衡"。	福阿德·卢克（2002）
	慢设计理念鼓励元范式框架下人类的繁荣（即希腊语中所说的幸福感），该范式具有公平的社会，可再生的环境，以及对生活和事业的全新构想	福阿德·卢克（即将出版）

图 2.3

设计激进主义的方法及其在福祉模式中的主要关注点

（注：灰色福祉部分是主要关注点，白色福祉部分是次要关注点）

图 2.3a

"协同设计"的理想设计模式

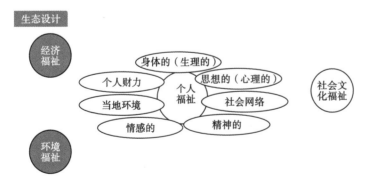

图 2.3b

高效产品／服务生态设计的当前模式

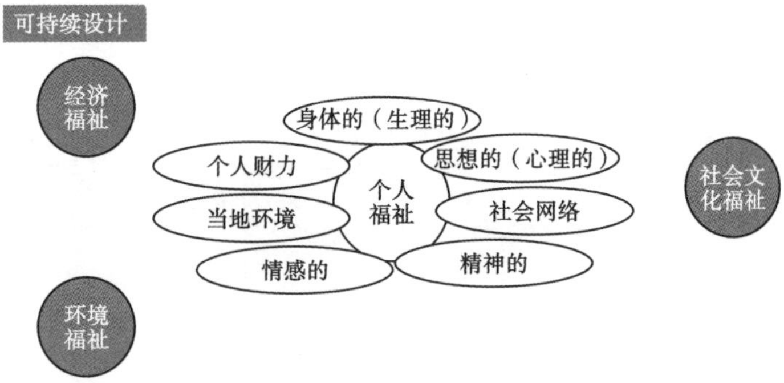

可持续设计

经济福祉

身体的（生理的）
个人财力
思想的（心理的）
个人福祉
当地环境
社会网络
情感的
精神的

社会文化福祉

环境福祉

图 2.3c

可持续产品设计（SPD）的当前模式

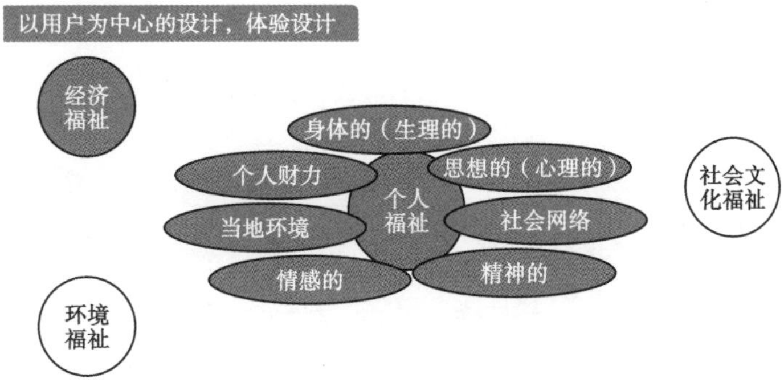

以用户为中心的设计，体验设计

经济福祉

身体的（生理的）
个人财力
思想的（心理的）
个人福祉
当地环境
社会网络
情感的
精神的

社会文化福祉

环境福祉

图 2.3d

"以用户为中心的设计，体验设计"的当前模式

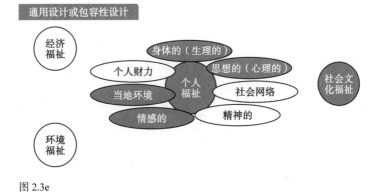

通用设计或包容性设计

经济福祉

身体的（生理的）
个人财力
思想的（心理的）
个人福祉
当地环境
社会网络
情感的
精神的

社会文化福祉

环境福祉

图 2.3e

"通用设计或包容性设计"的当前模式

图 2.3f

"慢设计"的当前模式

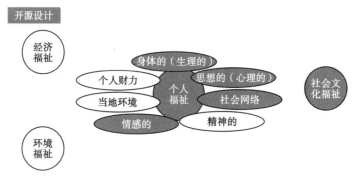

图 2.3g

"开源设计"的当前模式

图 2.3h

"服务设计"的当前模式

设计师的远见卓识与案例
Designers, Visionaries and other Stories

图 2.3i

"元设计"的当前模式

共同设计

作为名词也好，作为动词也好，"设计"这个词具有多种可变的含义。但是，一般来说，这个词总是为**不可持续消费**的商业品牌服务。简单地说，设计就是商业。即使是高效节能的设计，依然是商业。高效节能设计的中长期可持续性依赖于每一项"设计"（产品、服务、建筑等）的生态包袱（ecological rucksack）和生态足迹，依赖于资源流和资源可得性，依赖于环境吸收与"设计"相关的投入和产出的能力，也依赖于需要该"设计"的人数。设计与商业生产和商业建筑的观念密切相关，以至于我们已经忘记了设计真正的重要性。

赫伯特·西蒙认为，"每个人都在设计，想要让现状变得更好"（Simon，1996）。这是对设计的宽泛界定，由此引发了设计的多种含义和解释，包括设计个人早餐这类日常小事，也包括设计产品，还包括能够引发"触发点"（激进的社会变化）的设计机构或组织。正是这个更松散但却更易于理解的设计定义有可能为设计的新目标指明前进的方向。该定义认为，**变化也是设计**。变化是涉及文化和行为改变的任何活动，因此，变化隐含于通往更可持续的生产和消费方式的过程之中。变化还需要我们做出改变，改变我们衡量幸福、定义经济进步的方式，以及我们想要的社会发展方式。简而言之，可持续性要求重新评估全球、区域、国家和地方各级的社会价值观。这种设计方法不能仅仅局限于专家（接受过某种正式培训的设计师）的设计，而必须是**与社会同设计，为社会而设计，由社会来设计**。

与社会同设计，为社会而设计，由社会来设计

从根本上说，如果仅仅是某些个人和社会部门追求可持续性，是无法实现可持续性的。可持续性应该是集体的追求，是社会的追求。它要求社会在可持续发展之路上采取激进措施之前，必须先全面了解自身状况。最近在英国和美国进行的对气候变化争议的调解，就已经提高了人们的这种普遍意识（或者说，对那些记得 20 世纪 70 年代环境和能源危机的人而言，重新唤起了他们的这种普遍意识）。当然，最近发布的《斯特恩报告》（*Stern Review*，Stern，2006）和阿尔·戈尔（Al Gore）的电影《难以忽视的真相》（*An Inconvenient Truth*）得到了广泛宣传，可以看作是社会政治思想和经济思想转变过程中的分水岭和潜在催化剂。斯特恩认为，如果立即采取补救措施来阻止或者减缓气候变化，其成本可能是当今世界各国国内生产总值的 1 %。但是，如果迟迟不做出反应，最终可能导致世界各国国内生产总值**降低** 5 至 20 个百分点。这一看法可能会引起人们态度的重大转变，并激发人们采取行动。气候变化的代价以及后石油峰值时代的前景正在引起政界人士和民众的关注。

在消费经济时代，是否有更为面向社会的设计方法先例？是的，"参与式设计"就源于 20 世纪 50 年代斯堪的纳维亚的工人运动。而且，从那以后，这一术语的含义不断多元化，包括"协作设计""合作设计""协同设计"和"社会设计"（Margolin and Margolin，2002）。最近，协同设计已经被英国设计委员会的 RED 团队更名为"转型设计"（Burns et al.，2006）。

"参与式设计"或者"协同设计"这些说法的含义不言自明，似乎特别有用。协同设计的本质在于其"基础理念：某一设计产品的最终使用者有权参与决定该产品的设计方式"（Burns，2006）。

协同设计有几个核心原则。它不是一个单一的过程或要素，而是关于权力和包容的承诺，涉及多方利益相关者的相互学习。协同设计借助了许多软系统方法论的特点，布罗德本特（Broadbent, 2003）对此描述如下：

· 是一种具有整体性、直觉性、描述性、经验性、实证性和实用性的方法，以智慧 / 价值观为基础；

· 是一个非线性的迭代互动过程；

· 是"基于行动"的研究；

· 包括"自上而下"和"自下而上"的方法；

· 模拟真实的世界；

· 可用于复杂的系统或者问题；

· 具有形势驱动性，尤其是人类共同的形势；

· 满足多元化的结果；

· 被系统内化为自身的一部分。

虽然协作设计的主要目标是生产有利可图的商品和服务，而不是可持续的商品和服务，但其更商业化的方面也明显体现在各种以用户为中心或用户创新型的设计方法之中。例如，飞利浦公司刚刚进入虚拟世界"第二人生"（Second Life），旨在探索"众包"（crowdsourcing）模式在产品开发中的潜力。菲亚特汽车公司（Fiat）使用了一个网络博客来吸引客户设计新的菲亚特博悦（Fiat Bravo）汽车。

因特网为社会协作网络提供了基础设施，特别是在开源环境中，由此产生了协同设计。从维基百科（信息）到视频网站 YouTube（娱乐），再到英国广播公司的气候变化实验（Climate Change Experiment），这些机构的在线资源不断增长，证明了互联网合作的潜力。

协同设计在行动

协同设计挑战我们如何利用设计来形成、培育和维持人力资本、社会资本、金融资本和环境资本，其影响并不局限于美学、科技、形式和利润等方面。协同设计这一行为中还隐含着对上述"各类资本"的规划**以及**对企业、机构和组织的（重新）设计，不管这些机构是商业性的、非营利性的、社区的，还是政府的。正如彼得·詹姆斯（Peter James）的模式（James，2001，图2.4）所示，从这个意义上说，协同设计将其自身的作用视为企业组织的核心，以及设计人工制品的核心。协同设计将每个人视为设计师，但同时也认识到战略设计师、设计经理、产品设计师、工程师、建筑师和其他公认的设计方法所起的催化作用。

协同设计包含多方利益相关者的参与。在协同设计过程中，作为设计师的利益相关

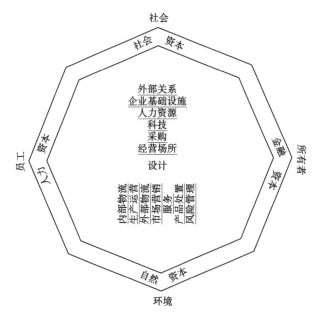

图 2.4
设计——机构的核心
来源：詹姆斯，P.（James，2001）"迈向可持续商业？"，选自查特，M.和蒂什纳，U.（编）《可持续解决方案》，格林利夫出版社，谢菲尔德；改编自波特（Porter，1985，p37）

者与设计师一起学习、共同创作。协同设计这一方法并没有既定方案，但利益相关者的参与是一个关键特性。许多志愿机构和慈善部门的从业者或者参与社会企业工作的人可能会认可协同设计的精神和过程。下面列举的例子就说明了设计师可以为协同设计项目带来的"附加价值"。在这些协同设计项目中，"客户"似乎欣然接受了人造世界（社会、商业、科技等）和自然世界。而协同设计想要努力达到的就是以人类为中心的社会和人文关怀与更小的生态足迹这二者之间的平衡。

1 建筑

"乡村工作室"（Rural Studio），由建筑师塞缪尔·莫克比（Samuel Mockbee）创建，为美国南部奥本大学（Auburn University）的一代建筑学生提供了机会，让他们去创作、设计、建造、重新设计和重建美国穷人的住所。学生们有时会和房屋主人待在一起，借以了解每一个独特的设计背景，而最终的设计则产生于对人、地方和本地材料的深入了解。这些设计作品从社区的角度探求当地人和社区的需要。

"人本建筑"（AFH），由卡梅伦·辛克莱（Cameron Sinclair）于 1999 年创建，是一家非营利性企业，协同创作了临时 / 永久的设计和住房，以应对全球的、社会的和人道主义的危机。该企业认为，"在资源和专业知识稀缺的领域，创新的、可持续的和协作的设计大有可为"。其设计理念是"协同创作"，重点在于促进、赋能和赋权，而不是依赖。

2 城市服务

"每日可持续项目"和"新兴用户需求项目"，这两个项目由欧盟第六个环境计划（Sixth Environment Programme of the European Union）资助，由米兰理工大学（Milan Polytechnic）设计系协调。"每日可持续项目"协调了来自世界各地的 15 所设计学校的努力，创建产品服务系统（product service systems， PSS）方案或者服务方案，以此降低环境负荷，增加社会福利（Manzini and Jégou，2003）。他们的方法是创建设计方案，通过这些方案提供"运作方式"，鼓励人们去扩展他们的"能力"，以此提升人们的"幸福"。"新兴用户需求项目"考查了数百个成功的欧洲共同体或社会企业项目，揭示了在可持续发展方面有前途的社会创新。许多项目包括多方利益相关者，有意或无意地使用了"自下而上"的协同设计方法。

"绿色生活地图系统"（The Green Map System），创建于 1995 年，是一个适应本土、全球共享的环境制图框架。地图制作者采用基于图标且适应性强的通用视觉语言来绘制当地城市或农村社区的地图，标注出绿色商店、建筑场所和文化资源的位置。这个全球系统由 276 幅地图组成，描绘了世界上大多数首都城市和特定的地方。该系统代表了开源信息系统中信息的牢固结合，把局域自适应性纳入了公认的独特个性之中。每一幅地图都是当地的独特写照。

3 食品

"慢食运动"，由卡洛·佩特里尼（Carlo Petrini）于 1986 在意大利开创，旨在推动食品和葡萄酒文化，保护世界范围内粮食和农业的多样性。生物多样性慢食基金会（Slow Food Foundation for Biodiversity）指出，自 1900 年以来，欧洲食物多样性减少了75%，美国食物多样性减少了 93%。20 世纪大约有 3 万种蔬菜绝种了。20 年来，慢食运动吸引了 8.3 万名成员，分别来自 50 个国家的 800 个慢食协会和意大利的 400 个慢食协会。地方性慢食协会自主设计自己的机构，但会获得慢食运动的支持来保持全球形象和影响。慢食运动一贯强调食品生产本地化对社会文化福祉和可持续性的重要性。

4 学校

"步行巴士"（Walking Bus），对于肥胖、儿童健康、家校交通的流动性选择、教育等复杂而相互关联的问题而言，是一剂妙药良方，其概念极其简单。在每辆步行巴士的最前方都有一名成人"司机"，最后方有一名成人"乘务员"。孩子们沿着预先计划好的路线步行上学，在特定的"公交车站"接上其他"乘客"。每辆步行巴士都是为了满足当地利益相关者的需要而"设计"的，这些利益相关者包括学校的孩子、家长、巴士志愿者、学校、道路交通和安全管理人员以及地方当局。

"生长学校"（Growing Schools），是英国一项涉及 1.5 万所学校的倡议，有一个支持网站，该网站展示了教师和儿童如何在校园内创建花园，成为"户外教室"。丰富的资源有效地完成了花园的设计和建造，启发了授课计划、工作计划、课程支持和学习材料。该计划内容丰富，有"种自己的土豆竞赛"，也有在你自己的生活实验室里讲授的气候变化课程，无所不包。

5 重新制造

布里斯托尔（Bristol）的"转移旧家具"（Shift Old Furniture Around，SOFA）项目，是英国领先的再利用慈善机构之一，为低收入者提供低成本的家具和电器。该项目成立于 1980 年，现在每年帮助 7000 户低收入家庭，为他们提供负担得起的家具和电器来布置房屋。通过这种做法，该项目再利用了 150 万件家具，避免了 6.3 万吨废弃物进入垃圾填埋场。该项目是家具再利用网络（Furniture Re-use Network， FRN）的一员，该网络包括超过 300 家英国社区组织，为失业和被社会排斥的人提供工作和培训安置，服务于地方社区和个人。

协同设计适用于商业项目吗？

在协同设计过程中，设计师邀请多方利益相关者参与设计活动，这样的项目很可能会生成创新的设计方案。三足建筑事务所（3bornes ARCHITECTES）正在进行的一个委托项目就是如此，该项目要设计的是一个新的城市厨房（图 2.5）。贝桑松（Besançon）是法国东北部弗朗什 - 孔泰区（Franche-Comté region）的首府和省会城市，有 22 万人口。这座城市以其微电子技术和钟表制造企业而闻名，具有辉煌的建筑和军事历史。中央厨房，即贝桑松中央厨房（La Cuisine Centrale de Besançon），每天为城里的 80 所学校提供 5500 份餐饮。

2006 年 6 月，三足建筑事务所获得贝桑松地方政府的委托，修建一个新的厨房。事务所的创始人弗朗索瓦·尼埃尔（Francois Tesnière）和安妮 - 夏洛特·高（Anne-

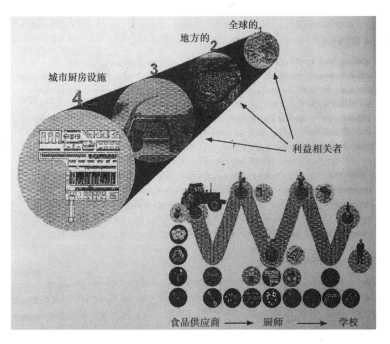

图 2.5
协同设计在行动：法国东部贝桑松城的学校厨房（贝桑松中央厨房）

Charlotte Goût）组建了一个技术和设计专家团队，其基本理念就是协同设计。在尼埃尔的
启发之下，该团队鼓励外部的上、下游利益相关者参与到自己的部门（技术服务、教育、
物流）和员工（厨师、餐厨废弃物处理经理）之中。该团队举办讲习班，并进行问卷调
查，以此鼓励利益相关者使用可持续发展原则来审查该建筑的设计，这些原则包括最低环
境影响、最大社会效益和最佳财务可行性（资本和运营成本）等。诸如低碳足迹饮食这样
的概念被用来促使利益相关者参与到一系列的事项之中，从"食物里程"到当地的有机食
品生产，再到营养需求、烹饪设备、能源供应和能源安全。讲习班的参与者需要设想出方
案来检查替代设计的可能性。通过在话语环境中研究这些问题，利益相关者体验到了一种
新的责任感，而不仅仅是建造一个城市厨房。例如，有人提出把屋顶花园作为生态气候建
筑的一项标准，也作为多方利益相关者的会议空间，食品供应商、厨师、家长、教师和学
生可以在这里聚集。基于此，可以展开关于未来膳食和食谱设计以及系统开发的对话，鼓

励把更多的本地／区域食品投入供应链。

创新 2zones2 系统是一个生态设计系统，具有符合人机工程学和卫生要求的工作流，该工作流包括食品原料、半成品和成品。2zones2 系统专为厨师设计，在满足厨师需求的同时，也挑战了他们目前的工作方式。讲习班鼓励成员在预算限制内参与活动，并由此找到"最适合"的解决方案。

协同设计这种方法使客户和利益相关者在开发**食品系统**时能了解到宏观和微观的层面，而不仅仅是了解一个厨房。协同设计使（新的厨房建筑和厨房设施）建造潜力无穷，为教育、当地的食物供应、区域食品特征以及更多方面做出了全面贡献。

设计和制造的新方法

可持续性带来的挑战也是设计新企业或者重新设计现有企业的机会，如此一来，这些企业就可以在最大限度地减少对环境的影响，并且保持或者恢复环境／生态能力的同时，也能确保为当前和未来的人们提供公平有利的就业机会。几年前根本就不存在的许多生态创业公司就证明了这一点，例如，比利时家用洗涤剂及清洁剂生产商欧维洁（Ecover）、欧洲发条式收音机生产商自由播放（Freeplay）、德国太阳能动力船舶制造商科普夫（Kopf）、英国回收塑料薄板制造商微笑塑料（Smile Plastics）、羊毛建筑保温隔热材料生产商第二自然（Second Nature），以及智能汽车公司（Smart Cars）［该公司最初为斯沃琪（Swatch）和梅赛德斯 - 奔驰（Mercedes-Benz）之间的合资企业，现为戴姆勒 - 克莱斯勒公司（Daimler Chrysler）所有］。还有数百家公司也看到了生态高效产品强大的未来（见 Datschefski，2001；Fuad-Luke，2005）。

未来的生态企业会更激进吗？它们能提供更多的社会福利并进一步减少对环境的影响吗？毫无疑问，是的。如果政府鼓励成立新的社会企业（重视社会和环境的企业），则尤其如此。当然，英国贸工部（UK DTI）的社会企业处（Social Enterprise Unit）支持新的社会企业风险投资项目，因为它们往往会产生强大的地方性社区或环境效益。为了反思我们的制造系统，沃克（Walker，2006）提出了一个令人信服的案例，允许各组件串行升级和顺序升级，由此在用户和产品之间创建更有意义的、持久的情感联系。这样的系统要求人们彻底反思与当前大规模制造业相关的基本业务模式。福阿德 - 卢克（Fuad-Luke，2007，待出版）提出了探讨未来制造业的几种途径（图 2.6a 和图 2.6b）。第一种途径是权衡由制造商实际制造和完成的比例以及由用户"制造"和"完成"（即定制 / 个性化）的比例，也就是说由专业人士设计多少？由用户设计多少？第二种途径涉及由个人还是集体拥有人工制品，或者说我们是租用、出租还是购买服务。此议题已得到广泛探讨，主要围绕最近完成的可持续生产网络（SusProNet）项目中的产品服务系统展开。可持续生产网络项目包含在企业可持续发展项目（SCORE）之中，后者是欧洲的一项关于可持续生产和消费的新项目。

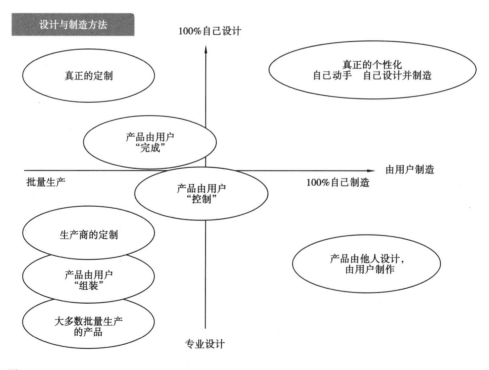

图 2.6a

设计与制造方法

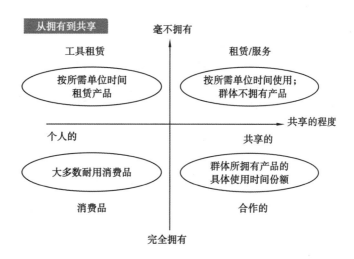

图 2.6b
从拥有到共享

协同设计新的功能可见性、新的价值观

协同设计是涉及不同利益相关者的设计合作，因此它的特点不仅仅是商业性，还有社会性。协同设计的方法或哲学似乎很好地回答了约翰·伍德提出的一个问题："设计能使人类社会更接近可实现的乌托邦吗？"（Wood，2003）伍德认为，设计"可以被视为对诸如流动、融合、意识和价值等动态元素的明智调节"（图 2.7）。默认的设计范式是一如既往的商业范式（见 Findeli，2001），因此，设计活动的动态和效果主要通过商业来调节。由商业设定的设计功能可见性[1]不一定代表由社会设定的设计功能可见性，而协同设计提供了新观念产生的可能性，这些新观念能满足我们（可持续性）福祉的需求。协同设计可以通过以下方式做到这一点：

· 提高参与，改善沟通；

· 促进共存；

· 催化快乐；

· 生成新的功能可见性。

通过这些做法，协同设计就有可能建立包含可持续理念的新的模因[2]和形式类型。

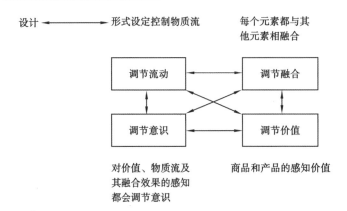

图 2.7

约翰·伍德的设计场域

来源：改编自约翰·伍德（Wood，2003）"自然的智慧＝智慧的本质。
设计能使人类社会更接近可实现的乌托邦吗？"论文提交给第五届欧
洲设计学院大会，2003 年 4 月 28—30 日，巴塞罗那。

协同设计挑战当前（默认的）基于设计师 - 客户的二元论伦理准则，认为"客户"指
的是整个社会。因此，协同设计可能会受益于类似医生的希波克拉底誓言之类的伦理框
架。协同设计者关心的是社会和环境的福祉和健康，而不仅仅是纯粹的商业利益。

协同设计需要设计师培养新技能，他们必须成为赋能者、催化者、活动家、引导者、
联系者、仲裁员、讲解员、绘图员和方案制定者，并且不断改善其充当这些角色的能力。
设计师很可能渴望：

·设计智能（Fry，Tony，日期不详）；

·设计意识（Findeli，2001）；

·设计思维（MacDonald，2001）；

·设计阐释学（解释）（Willis，1999）；

·设计说服力（Willis，1999）；

·设计美德（Bonsiepe，1998）；

·设计多元化（Fuad-Luke，2002，2005）；

·设计功能和能力（Manzini and Jégou，2003）。

设计活动与为了商业目的而进行的形式物化相关联，而协同设计所要求的敏锐性远远超出设计活动的范围。正是出于这个原因，协同设计为（可持续）设计提供了一个基本的新目标，即通过设计使社会成员能够规划自己的未来，而这种未来的基础是公平（代内和代际之间的公平，穷人和富人之间的公平，民族和种族群体之间的公平）、人类的繁荣，以及长期的环境多样性和稳定性。在"可持续发展时代"，设计的重点应该是福祉，而不是东西、物品和商品。包括从外行到专业人士在内的设计者可以是实现这一理念的一种渠道，是社会上去病降魔的萨满僧人，他们把社会与超越人类中心主义的观点连接起来。（协同）设计的目的是创造新的社会价值观，借以平衡人类福祉与生态现实。这样一来，设计对物质和经济进步的观念提出了质疑，也对该观念固有的生态谎言提出了质疑。

注释

1　J.J. 吉布森（J.J. Gibson）把"功能可见性"定义为一种观念，即形式或结构给我们提供了可能性、可用性、行动性或者便利性。

2　"模因"是能够自我复制的物质或非物质的事物，有助于进化的过程。模因在生物或非生物环境中运行，符合人类中心主义或者生物中心主义的世界观。模因可以是模式、习惯、笑话、时尚和神话。"可持续性"这一观念与模因一样具有传递性，但是，像所有的人类中心主义模因一样，"可持续性"这一观念在不同的社会和文化中的传递性是不一样的。"步行巴士"是真正的服务，也是模因。

参考文献

Adam, D. (2006) 'Earthshakers: The top 100 green campaigners of all time', *The Guardian*, Tuesday 26 November, pp8-9

Balcioglu, T. (ed) (1998) *The Role of Product Design in Post-Industrial Society*, Kent Institute of Art & Design, Kent, and Middle East Technical University Faculty of Architecture Press, Ankara

Black, A. (1998) 'Empathetic design: User focused strategies for innovation', in proc. of New Product Devt., IBC Conferences, quoted by Mattelmaki, T. (2003) 'Probes: Studying experiences for design empathy', in Koskinen et al, *Empathetic Design – User Experiences in Product Design*, IT Press, Helsinki, pp119-130

Bonsiepe, G. (1998) 'Some virtues of design', a contribution to the symposium, 'Design beyond Design...' in honour of Jan van Toom, held at the Jan van Eyck Academy, Maastricht, November 1997, published 2 November 1998

Broadbent, J. (2003) 'Generations in design methodology', *The Design Journal*, vol 6, no 1, pp2-13

Bruntland, G. (ed) (1987) *Our Common Future: The World Commission on Environment and Development*, Oxford University Press, Oxford

Buchanan, R. and Margolin, V. (eds) (1995) *Discovering Design-Explorations in Design Studies*, The University of Chicago Press, Chicago and London, pp173-243

Burns, C., Cottam, H., Vanstone, C. and Winhall, J. (2006) 'Transformation design', RED Paper 02, February, The Design Council, London, www.designcouncil.org.uk/RED/ transformationdesign, accessed November 2006

Burrall, P. (1991) *Green Design*, Issues in Design, The Design Council, London

Carroll, J. M. (2006) 'Dimensions of participation in Simon's design', *Design Issues*, vol 22, no 2, pp3-18, Spring, MIT

Carson, R. (1962) *Silent Spring*, Houghton Mifflin, Boston, MA

Charter, M. and Tischner, U. (eds) (2001) *Sustainable Solutions: Developing Products and Services for the Future*, Greenleaf Publishing, Sheffield

Cooper, R. (2002) 'Design: Not just a pretty face', *The Design Journal*, vol 5, no 3, pp1-2

Datschefski, E. (2001) *The Total Beauty of Sustainable Products*, Rotovision, Hove

Defra (2004) 'Sustainable development indicators in your pocket', a selection of the UK government's indicators of sustainable development, National Statistics/Defra, Defra Publications, London

Elkington, J. (1997) *Cannibals with Forks: The Triple Bottom Line of 21st Century Business*, Capstone Publishing, Oxford

European Academy of Design (2003) The 5th EAD conference, 'Design Wisdom', Barcelona, 28-30 April, www.ub.es/5ead, accessed December 2006

Fiell, C. and Fiell, P. (2001) *Designing the 21st Century*, Taschen, Cologne

Findeli, A. (2001) 'Rethinking design education for the 21st century: Theoretical, methodological and ethical discussion', *Design Issues*, vol 17, no 1, Winter, pp5-17

Fuad-Luke, A. (2002, 2005) *The Eco-design Handbook*, Thames & Hudson, London

Fuad-Luke, A. (2005) 'A new model of well-being to design "products" that sustain people, environments and profits', in Towards Sustainable Product Design 10, Centre for Sustainable Design, Farnham Castle, Farnham, 24-25 October

Fuad-Luke, A. (2007, in press) 'Adjusting our metabolism: Slowness and nourishing rituals of delay in anticipation of a Post-Consumer Age', in T. Cooper (ed) *Longer Lasting Solutions: Advancing Sustainable Development Through Increased Product Durability*, Gower Publishing, London

Fussler, C. and James, P. (1996) *Driving Eco-innovation*, Pitman Publishing, London

Giaccardi, E. and Fischer, G. (2005) 'Creativity and evolution: A metadesign perspective' in 6th International Conference of the EAD (AD06) on Design>System>Evolution, Bremen, University of the Arts, 29-31 March 2005

Hawkin, P., Lovins, A. B. and Lovins, L. H. (1999) *Natural Capitalism: The Next Industrial Revolution*, Earthscan, London

Jackson, T. (ed) (2006) *The Earthscan Reader in Sustainable Consumption*, Earthscan, London

James, P. (2001) 'Towards sustainable business?', in M. Charter and U. Tischner (eds) *Sustainable Solutions: Developing Products and Services for the Future*, Greenleaf Publishing, Sheffield, pp77-97

John Elkington Associates (1986) 'Ten questions for the green designer', a report for The Design Council, London

Lewis, H., Gertsakis, J., Grant, T., Morelli, N. and Sweatman, A. (2001) *Design + Environment: A Global Guide to Designing Greener Goods*, Greenleaf Publishing, Sheffield

MacDonald, N. (2001) 'Can designers save the world? (and should they try?)', *newdesign*, September/October, pp29-33

McDonough, W. and Braungart, M. (2002) *Cradle to Cradle: Remaking the Way We Make Things*, North Point Press, New York

Mackenzie, D. (1990) *Green Design: Design for the Environment*, Lawrence King Publishing, London

MacLaren, D., Bullock, S. and Yousuf, N. (1998) *Tomorrow's World. Britain's Share in a Sustainable Future*, Friends of the Earth/Earthscan, London

Manzini, E. and Jégou, F. (2003) *Sustainable Everyday: Scenarios of Urban Life*, Edizioni Ambiente, Milan

Margolin, V. and Margolin, S. (2002) 'A "social model" of design: Issues of practice and research, *Design Issues*, vol 18, no 4, Autumn, pp24-30

Norman, D. A. (1986) *The Psychology of Everyday Things*, Basic Books, New York

Otto, B. (2002) 'Searching for solutions, A report for the Design Council', July 2002, Design Council, London

Packard, V. (1957) *The Hidden Persuaders*, Penguin, Harmondsworth

Packard, V. (1961) *The Waste Makers*, Penguin, Harmondsworth

Papanek, V. (1995) *The Green Imperative: Natural Design for the Real World,* Thames & Hudson, London

Philips (2006) 'Creating value', Sustainability Report 2005, Philips Corporate Sustainability Office, Eindhoven, www.philips.com/assets/Downloadablefile// SAR2005_screen-15318.pdf, accessed January 2007

RED, Design Council, see Burns et al (2006)

Richardson, J., Irwin, T. and Sherwin, C. (2005) 'Design & sustainability', a scoping report for the Sustainable Design Forum, published by The Design Council, 27 June

Ryan, C. (2004) *Digital Eco-Sense: Sustainability and ICT – A New Terrain for Innovation*, lab.3000, Victoria

Simon, H. A. (1996) *Sciences of the Artificial*, 3rd rev edn, The MIT Press, Cambridge, MA

Stern, N. (2006) *The Economics of Climate Change*, The Stern Review, Cabinet Office – HM Treasury, Cambridge University Press, Cambridge

The Guardian (2006) Guardian Media Group, 25 June

Walker, S. (2006) *Sustainable by Design: Explorations in Theory and Practice*, Earthscan, London

von Weizsäcker, E. U. Lovins, A. and Lovins, H. (1995) *Factor 4: Doubling Wealth – Halving Resource Use*, Earthscan, London

Whiteley, N. (1993) *Design for Society*, Reaktion Books, London

Willis, A.-M. (1999) 'Ontological designing', paper presented at the 3rd EAD conference, 'Design Cultures', at Sheffield Hallam University, Sheffield, May

Wood, J. (2003) 'The wisdom of nature = the nature of wisdom. Could design bring human society closer to an attainable form of utopia?', paper presented at the 5th EAD conference, 'Design Wisdom', Barcelona, 28-30 April, www.ub.es/5ead/PDF/8/Word.pdf, accessed December 2006

RAW LIFE...

(1900)

• MICRO-WAVES KILL YOUR FOOD... &
• ARE NOT ECONOMICAL

MUNITIES are the way FORWARD.

Aww, thanks. & you ARE WELCOME TO THIS POT I JUST MADE

ONTO YOUR SKILL.

SUSTA. ABLE DESIGN IS SMART.

DESIGN THAT LINKS TOGETHER WITHOUT NEGATIVITY OR THAT IT SURROUNDS WHICH EFFECTING ITSELF

WHAT DOES SUSTAINABLE MEAN?

overground
underground

GET THE BALANCE RIGHT

"SUSTAINABLE DESIGN is a DESIGN APPROACH based on a philosophy of PARTICIPATION in which DESIGNERS facilitate, catalyse and enable SOCIETAL behavioural change"

DESIGNER as...
CITIZEN...
CO-DESIGNER...
SHAMAN...

PERCEPTIONS
EXPERIENCES
ARTIFACTS

OTHER ACTORS

Yesterday's SOCIETIES
PAST

Today's SOCIETIES
- the continuous PRESENT

TOMORROW'S SOCIETIES
- the sustainable FUTURES

STOP ADVERTI...
CHEAP & TA...
THROWAWAY
JUNK !!

CHERISH WHI...
ALREADY...

• nodes
- flows (energy, materials, ideas...)

BY: Alastair Fuad-Luke

3 设计的重生

斯图尔特·沃克

引　言

设计正在发生变化。我们正在目睹大量的多样性、复杂性、趣味性、鲜活性以及分布式和共享式创新的新机会，这些发展具有经济、环境、道德和意识形态等多方面的原因。在信息丰富的全球环境中，社会各方都在宣传、影响和实现这些新的趋势，而且，设计师个人也可以使自己的设计举世闻名。这一现象的原因、方法和结果是多种多样的，但总的来说，这些趋势中的许多部分都表明了创造力的激增，以及迅速发展的新的思想民主化和高度责任感。

然而，这些变化并未发生在主流工业设计中，也就是说，主流工业设计似乎与这些发展基本上没有联系。这可能是因为很长时间以来，工业设计一直都是庞大企业的一部分，以至于工业设计已经无法再施展其创造性能力，而由于长期没有得到施展，创造性能力已然萎缩。即使在工业设计贡献卓著的公司，如苹果公司（Apple）和戴森公司（Dyson），尽管设计的贡献成绩斐然，但其设计本质上仍然很保守。相比之下，主流之外的许多当代趋势却表现出了一种截然不同的敏感性，其中最引人注目的设计就挑战了被大规模生产称为**既成事实**（*fait accompli*）的预设一致性。这种一致性把我们贬为被动型的消费者，几乎不给我们任何机会进行更深入的了解和参与。新的设计往往更容易上手、更平易近人、更富于表现力，因而更吸引人。"re"这个前缀（译者注：表示"又、再、重新"之义）就说明了这一点——以"re"开头的词往往就是新设计的特征，例如回应（responding）、修复（restoring）、恢复（recovering）、重新合成（remixing）、回收利用（recycling）、再利用（re-using）、减少（reducing）等。新设计甚至可能关乎救赎。这样的设计可能是最近才出现的，但它解决的问题却由来已久。不可置疑的是，大部分这样的设计都显示设计师正尝试解答以下这个问题："我们怎样才能过上体面的生活？"巴尔扎克（Balzac）在一个半世纪前就问过同样的问题（Gopnik，2004），在他之前或者之后的许多人也都问过这个问题。

这类新设计的过程与在设计学校中已经盛行多年的过程大不相同。无论对于以纸张为媒介的设计，还是以计算机为媒介的设计而言，标准的"代表性"方法都变得次要了——

新设计更强调直观的、需要实际操作的、有形的和互惠的方法，这些方法对客观世界做出了回应。回顾 20 世纪头几十年里欣欣向荣的设计创新，其创新方法包括拼贴、组合和拼装等形式。在适当的地方，这些新方法与最新的科技相结合，进而提供新的设计可能性。值得注意的是，这些方法在使用现有物品时，不仅趣味盎然、启发美感，而且还伴随着与社会公平和环境有关的新的情感和责任。

在本章中，我将讨论与当代环境和社会文化问题相关的几个新趋势。不过，为了更全面地理解新设计的过程，以及这些新趋势与传统工业设计和大规模生产的产品之间的概念差异，实实在在地参与到设计过程之中会让我们受益匪浅。因此，我会用几个例子来探讨如何将现有产品融入新的功能设计之中。参与设计的过程，以及对设计出的人工制品的反思，能让我们更深入地理解设计决策，也更深入地理解这些新趋势对于我们在物质文化方面不断演进的思想所做出的潜在贡献。

感　恩

我坐下来撰写本章的那个早晨，收到了一封刚从印度访问归来的同事的电子邮件。他写道：

我同意所有伟大人物所说的：人们一直都在改变。当我被问到"印度怎么样？"时，我真的很挣扎，不知道该怎么回答……我从印度回来，觉得比以前更愉快了——满足于我已经拥有的东西，不再渴望我没有的东西（这是最重要的改变）。这是我完全没有预料到的馈赠。

（Boulanger，2006）

就在前一天晚上，当我在做笔记构思本文时，我一度在页面的醒目位置写道，"感恩——我们已经拥有的东西"。毫无疑问，在许多设计新趋势中，这一点非常重要，也就是要利用人造环境中已有的资源，包括地方层面所具有的能力，以及现代社会中无足轻重的废物或者被人遗忘的产品。这种设计方法的实例有很多：西尔斯风格（The Sear's

Style）项目在新设计中利用了闲置组件，拯救（Salvation）系列作品使用了二手瓷器，这两者都是博伊姆夫妇（the Boyms）的设计（Boym，2002，pp28-37，56-61）；由坎帕纳兄弟（the Campana brothers）设计的玩偶椅（Multidao）、软垫长椅（Banquette）和鳄鱼椅（Alligator）三款椅子利用了当地的技能，并且把毛绒玩具用作了椅垫和座套（Campana and Campana，2004）；"委员会"（Committee）工作室设计的烤串灯（Kebab Lamps）由各种旧货摊上的小摆设制作而成（Committee，2006）。这些例子与传统的大规模生产的方法形成鲜明对比，这些传统方法大量使用原始资源，给社会和环境带来极其不利的影响。

在现代社会，要做到满足于我们所拥有的东西似乎很难，这一点十分可悲，而且特别浪费，极具破坏性。不满文化在世界上最富裕的国家中颇为流行，是消费主义的主要驱动力，也是我们当前创造财富观念的重要组成部分。它还是造成环境破坏的主要因素，与对满足和人类幸福的重要理解背道而驰（见注释1）。当代设计中出现的富有想象力的趋势表明，一些设计师正在努力解决这些问题，并试图在他们的创意设计中协调伦理和环境问题，其结果显示我们有办法使设计在促进经济福祉的同时也能有助于减少消费主义的一些负面影响，并有助于重新评估我们已经拥有的东西。

设计的重生

电影导演弗朗西斯·福特·科波拉（Francis Ford Coppola）于1979年发布了电影《现代启示录》（*Apocalypse Now*），并于2001年发布了新编版。在新编版中，他把"重生"（Redux）一词添加到了标题里。这个词起源于17世纪，意思是"带回来"或者"恢复"。科波拉借用这个词把他的电影重新呈现给新的观众以及那些看过原版的人。2001年版的电影更长，包含了大量以前没有看到的片段，这为重新发行一部重要的电影提供了有用的依据。在发布新版时，这部电影已经有22年历史了。有些人可能会提出批评，认为用老电影来赚钱是见利忘义的方式，但是，我们其实可以把这种做法看成一个机会，让我们可以重新欣赏我们已经拥有的事物，而同时也能产生经济活力。

消费品的生产，如电影制作，不仅需要许多人的构思和努力，还需要物质和能源资源，并且会不可避免地会产生一定的浪费、污染和环境破坏。因此，电影也好，产品也好，通过重新展示和重新评价老作品，我们恢复并重新认识了它们对人类文化的贡献。我们也承认在老作品的生产过程中已经表现出的创造性和已经投入的工作、资源和环境成本，换句话说，我们表达了对老作品的欣赏和尊重。不过，当涉及创造收入、提高审美和科技含量时，就有可能创造出有意义的创意作品，并且带来经济利益，同时还能减少我们对材料和能源的使用以及由此带来的环境影响。

在一项设计中，设计师约根·佩（Jurgen Bey）给旧椅子加上玻璃钢外层（Ramakers and Bakker，2004，pp32-33）。在另一项设计中，他用双向镜面箔圆筒把一盏旧吊灯围起来（Droog，1999）。在这两项设计中，旧产品得以恢复使用，还具有了当代性，得到人们的再次欣赏。的确，设计中也使用了新材料，但数量相对较少。在这些例子中，必须仔细选择要重新设计的物品。由沃尔夫（Wolf）、巴德（Bader）和奥希茨（Oschtz）设计的私录唱片（Bootleg）系列也是如此。在该系列中，广受喜爱的"经典"音乐设备设计依然保有一定的设计声望，这些设备在经过修改之后被用来播放 MP3 文件（Ramakers and Bakker，2004，p34）。

我在此所采用的方法完全不同，这种方法尝试去欣赏，或者重新欣赏功能正常但不再具有价值的产品。这些产品被随手丢弃，取而代之的新版产品在风格上更时髦，但在技术方面的进步却可能很小。这些产品也许被使用了 10 到 20 年，已经没有任何设计声望，因此通常会被拉到垃圾填埋场填埋。此外，重点是电子电气用品，因为它们在环境影响方面问题特别大〔废旧电子电气设备（Waste Electrical and Electronic Equipment，WEEE），2002/2003〕。通过讨论和设计实例，该方法阐释了一个具有潜在建设性的趋势，可以在当代不断演变的物质文化构想中解决可持续问题。

传播和共享创意

在开发设计新方法时，"众人拾柴火焰高"（Eno，2006），这种说法非常贴切。许多人共同努力的结果往往会非常显著，令人惊讶。今天，互联网更是助长了这一看法。通过互联网，诸如在线百科全书、维基百科（Wikipedia，2006）、Linux 开源操作系统（Linux，2006），以及新开发的混聚技术（Mashup，见注释 2）这类项目正在为创造性提供新的解决方案和新的机遇。通常，世界各地成百上千的人都能编写、更新和改进这些解决方案。例如，网络应用程序"YouTube"允许人们为全世界观众提供自己创作的视频（YouTube，2007）。《时代》（*Time*）杂志最近承认了这类应用程序的不断增长及其越来越大的影响力，该杂志把"你（You）"确定为 2006 年度风云人物（*Time*，2006，pp12-15）。在某些情况下，例如在"混聚技术"中，这些新开发的技术把现有资源以新的方式重组，并加以利用。虽然这些现象正在挑战传统的著作权和知识产权的概念，但它们也可能带来富有成效且极具创意的观念演变。伊诺还举了一个例子：一些研究者把他们的学术论文传到因特网上，在学术界公开发表，再由他人加以改进并添加新的内容。这种方法是常用期刊出版方式的一种替代（Eno，2006）。这些最新的做法与更古老的传统极为相似。例如，在口头文化中流传的故事、神话和历史之所以变得引人入胜、错综复杂、切合当下并且意义深刻，是因为他们可以随着时间的推移不断演变，由多人创作而成，不断改变以适应不同的环境。而且，在此过程中，这些故事、神话和历史还积累了多层意义，变得更加复杂。我们只需要想想口头传统中的许多故事，就可以明白这一点。这些故事，如伊索（Aesop）寓言、《一千零一夜》（*Thousand and One Nights*）和《奥德赛》（*The Odyssey*），都经受住了时间的考验，至今仍广受赞赏。此外，曼奇尼和杰戈制定的"赋能方案"也与此有点类似，该方案提供的方法可以在地方一级创建合理可行的良好服务。而且，在创建过程中，他们会让当地的居民和社区参与进来（Manzini and Jégou，2003）。然而，在主流产品设计中，鼓励本地参与并促进这种设计演变的实践并不明显。

萨卡拉以旋律音型（*Canto Ostinato*）为例，有效地指出了一种设计方法（Thackara，2005，p211）。与传统的乐曲相比，这首由四架钢琴演奏的乐曲限定少得多。作曲家仅仅提供了一个基本结构，即以不完整的总谱为形式来表达的一种理念。每场演出都会因场地、听众和演奏者的阐释而有所不同。

从设计的角度来看，这些不同的例子共同提出了一个设计方向，不仅挑战了我们对设计师角色的许多设想，而且为纳入可持续性提供了一条具有建设性的道路。第一，个人的作者身份以及"设计师"在确定产品性质和外观的过程中发挥主要作用这种传统观念在这里已经不那么重要了。第二，当代大公司大规模生产几乎完全相同的产品并进行广泛分销，却不对该产品负任何长期责任，即使负责，也只是少得可怜的责任。这种普遍的做法受到了质疑。与此相反，现在提出的设计方向使用了一种持续动态的方法，该方法可以用于产品制作、改造、回收、修复、再阐释、再制作和再呈现，取决于当地环境、文化偏好、在地材料和技艺以及在地参与度。这种方法使可持续发展的优先事项更容易融入我们的物质文化概念之中，从而有助于扭转鼓励人们被动消费预包装产品的做法。物质文化得益于许多人的不同贡献，这不仅使我们能够更有效地应对对当前生产方法的严重担忧，而且还能使功能物品的用途变得更亲切、更有趣、更可取。在这种方法中，大规模生产起着至关重要的作用。然而，在生产用于大众消费的完整且不可更改的产品方面，大规模生产的主导地位受到了挑战。此外，这些新的设计方向表明，要弥合传统工艺设计和工业生产之间业已存在的鸿沟是可能的。这种鸿沟出现在 19 世纪末期，当时，这两种重要的生产方式分道扬镳。

在产品设计领域要想取得以上设计方向的发展，关键似乎在于要开发一种能够实现在地投入和参与的方法。正如上面提到的例子，需要一个基点来提供想法和基本构架。对这一方法的限定必须相当松散，这样才能在适合在地投入的水平上进行灵活的阐释和有创造性的参与。此外，该方法必须考虑到大规模生产所能带来的好处和贡献，因为我们必须认识到，在地生产不能解决所有问题。就可持续性而言，为了减少浪费和对新资源的依赖，并为重新思考物质文化提供基础，这种方法还必须能够处理经常会被丢弃的数百种产品。这些被丢弃的产品可以提供一个有用的基点让人思考不同的设计之路，也可以提供一种方法来实现萨卡拉的方案，即在地方层面形成物质流和能量流的闭环系统（Thackara，2005，p226）。

一种设计方法

为了想办法来实现这些想法，人们已经尝试利用没什么价值的废弃物品。其中，电子产品尤为受到重视，因为它们在风格和技术方面过时得特别快，其废弃物处置也带来了严重的问题。在加拿大，每年有超过 27.2 万吨的电脑、手机、电视机、音响、小家电及其他电子垃圾被拉到垃圾填埋场填埋（Natural Resources Canada，2006）。有一种设计方法试图把废弃的电子物品纳入新的设计解决方案，并同时考虑到了地方的投入。然而，这种方法正面临着一些重大挑战。

首先，标准化的方法不可行，因为这些废弃的"来源"材料具有极大的多样性和不可预测性。

其次，最好想办法避免拆卸产品，因为将产品拆分成零件既费时又昂贵，还不可避免地会造成浪费。而且，要给这些零件找到新的用途，还需要先进而昂贵的专业技术知识。替代的方法是使用这些产品本身，并通过设计为它们提供得以重新评估的机会。这也符合 3R 原则中的前两点，也是更重要的两点，即减量化和再利用。只有在尝试了这两点之后，我们才该考虑循环使用。

再次，要促进在地参与和投入，需要设计一种仅需极少资本投入的方法，但同时又能充分利用相对较低的技术和低成本的措施来实现新的设计方案。

最后，此处的设计挑战并不是要指定某种渐进式的方法，也不是要开发成品（演示类成品除外），而是要提供足够的架构或想法，让当地人能够完成设计创作。这些设计因地制宜、变化无穷、依靠环境，追随减量、节制和感恩等观念。而且，这些设计还能在很多小的方面改善与废物和垃圾处置有关的问题。这样的设计方向不仅能发展功能物品的新用途，能解决环境问题，还能服务社区：为当地提供可用的创意作品，提供产品再利用、再生产、维修和回收等机会。

这些考虑与萨卡拉的七个设计框架相一致，这七个框架是：**感知与响应、深刻背景、培育边缘效应、智能重组、社会设想、共同设计**，以及**服务型设计**（Thackara，2005，p213）。当代音乐中的"混音"现象是混聚技术的一个方面（见上文），与前面提到的这种设计方法有点相似，也就是将已有的音乐或语音片段以更有创意的方式组合在一起，创作出新的音乐作品。把可能已经被遗忘的老歌和视频重新组合，由此可以得到新观众的欣赏。最近为加拿大的太阳马戏团（Cirque du Soleil）而创作的披头士（The Beatles）音乐就是音乐混聚技术的一个例子：最初的音乐以新的方式重组、"混聚"、加入新乐曲、快放、慢放和倒放（Martin and Martin，2006），结果就是把我们非常熟悉的音乐以一种极富创意的方式进行当代演绎。类似的发展正在影响人类创造力的其他领域。人们修改编辑老剧本，并添加一些新的素材，进而创作出与当代观众密切相关的全新作品。例如，一出在伦敦汉普斯特德剧院（Hampstead Theatre）演出的名为《浮士德》（*Faustus*）的戏剧，就把克里斯托弗·马洛（Christopher Marlowe）于 16 世纪创作的浮士德博士（Doctor Faustus）与英国艺术家查普曼兄弟（the Chapman brothers）于 2003 年创作的"变本加厉"（Insult to Injury）中的一些素材结合了起来（Haydon，2006）。

这些方法从现有的人造环境中"挖掘"资源，成为新造物的材料。这种不断的跨界借用、挪用和再利用是我们这个时代越来越明显的特点。这种做法往往较少关注传统的边界和既定的归属概念，因而挑战了我们传统的方法。在以前的时代，自然世界的资源是可以随意"获取"的，人们并不太注重后果。但是，在今天，这类方法越来越难以自圆其说。因此，我们要考虑现代社会中被丢弃和被遗忘的产品，并以此为基础来创造新的设计机会，这样做似乎才恰当，才更符合可持续原则。

过　程

要解决"在地性"所带来的挑战，有必要采取一种灵活的、积极应对多样性的方法，这种多样性存在于特定的小规模地方层面，也存在于当前的物质和认知领域。用固定思维进行预先规划的做法成为一种障碍。重要的是要有一个更直观的过程，设法描述在产品、环境、人和功能等方面的大量复杂且相互依存的"背景"观念和理解。在单一的设计实例中，这种运作方式的结果都是不完善的，是片面的。我们要以此为基础进行反思，做出回应，并进行新的尝试。新的尝试会受到前一次尝试所得出的新观念的影响，也会受到从阅读、观察和进一步的思考中得出的其他观念的影响。这一过程是否有效取决于我们想要取得什么样的结果以及我们用来验证结果的标准。这种新方法立足于理性与直觉之间以及功能与审美之间相互依存的关系，的确恰如其分；在我看来，与产品设计和生产的大规模理性方法相比，更是如此。（这种大规模的理性方法往往主导着我们的文化。）新方法涉及面更小、更具地方性，也更直接，能够利用隐性知识，能够针对当地条件做出直接回应，能够带来可持续问题的解决方案，而且，还能帮助开发更多样化和更令人满意的功能物品。

回收利用废弃物品

这种设计活动旨在探索本地废弃产品的再利用之道。此外，有必要进行小规模的再利用，为其他地区的人采用和调整这种方法提供可行的依据或者模板。由于前面所述的原因，重点是再利用很少改变或没有改变的物品，而不是拆卸这些物品。不仅要考虑新零件或者产品的组合，确保被废弃产品能够以可接受的方式重获新生，还要考虑在地投入的性质和形式。总之，需要这样一种设计方法：

- 会利用现成的、多余的旧产品；
- 可以在地方层面得以实现；
- 高度灵活，能够结合各种各样的产品或产品组合；
- 让本地人有机会开发设计的多样性，进而迎合他们自己的口味，反映审美或者文化喜好；
- 对物品进行有效适宜的回收、再利用、再评估和再呈现；
- 有助于减少浪费，缓解对于"新"物品的需求和渴望。

一种赋能主张

有了想法或者基本结构，就会带来新的设计方案，在此基础之上，会产生可行的设计方法。简单的"框架"为新的功能组合提供了基础，以下设计案例都建立在简单的"框架"之上。使用这种框架源于早期对诸如产品形式（Walker，2006，pp139-166）和产品的短暂性之类问题的研究工作。现在，框架再次派上用场，但却出于不同的原因——它能实现多种用途，从而让旧的废弃物品再次进入人们的视线并得到重视。

查普曼建议，要让人们长期使用功能产品，设计师应该探索出新的方法来支持产品的持续发展与演进，重塑人与产品的互动，进而促进人与产品之间持续关系的建立（Chapman，2005，p186）。此处提出的"框架"正好说明了这一点是如何实现的。本质上，"框架"是一种赋能设计，让用户把物品看作是独立特定背景中的元素，而该背景是被重新定义的背景。框架将物品与其周围的环境分离开来，放置在一个特别设计的组合之中。这样一来，废弃物品成为这个新组合的一个元素，并在此过程中得以再语境化，在物质上成为构成一个新的功能整体的重要组成成分。此外，该物品的内在品质，即它的过时的审美品质——形式、颜色、磨损或损坏的表面——成为这个新整体重要的本质特征。

在这个独立的框架中，个体元素和整体构成远非通常意义上的有吸引力和有品位，但仍然可以被视为具有审美吸引力。通过使用框架而有意脱离周围环境，由此说明就是要把物品与周围环境脱离开来。因此，框架的使用似乎有效地促使了各种各样的物品再次得以利用。在这一点上值得注意的是，设计大规模生产的消费品是为了在大范围的家庭环境中使用。然而，随着某些产品变得越来越陈旧，它们也变得越来越不受欢迎，这往往是因为在特定的使用环境中它们已经不再合适，不再令人满意。产品与社会地位和个人表达相关，因此，物品变破旧了就会被替换。品质也许降低了的旧产品如何重获重视，示例之一就是在特定的背景中再次呈现该物品。框架所起的作用类似于白立方画廊的简洁环境所起的作用，两者都具有提升物品或艺术品的效果。一些艺术家认为这种框架不恰当，并在他们的作品中对此提出质疑（Veiteberg，2004）。但是，无足轻重的消费品如果不以这种方式呈现，就只能被丢弃。也许这些消费品需要的正是这种框架，因为它使得这些消费品得到重新发现、重新使用和重新评价。

因此，这种框架通过设计来与物品保持长久联系，提出了一种建立更可持续叙事的方法，也为当代文化中非常流行的"全新"新颖性理想提供了一种替代方式（Chapman，2005，p111，132）。

作为一个可行的可持续设计在地解决方案，这种框架：

· 可以在简单的车间里利用各种现成的材料制作而成，例如软木材和片料［中等密度纤维板（MDF）、胶合板等］；

· 尺寸多变，可以定做，因此可以使用多种本地可用的废弃物品和物品零件；

· 为许多不同的成品提供应用基础以适应当地偏好，也为量身定制的物品提供应用基础以兼容其他物品组成部分；

· 为物品组合本身提供一个易于改变的基础，考虑到新老元素的结合，同时也考虑到当地现有的大规模生产和在地生产要素的整合；

· 通过具有审美变化、在地制作以及潜在合意等特点的设计解决方案来促进产品生产的减少、产品的再利用和回收；

· 以一种可能更具成本效益、更适合当地的方式提供一种再利用产品的手段；

· 提供一种发展当地就业的手段，在减少电子垃圾的同时提供创意工作的机会。

因此，框架概念似乎是一种有效的、在地可行的手段，为探索可持续产品解决方案提供了基础。框架概念不是规定性的，相反，它为地方性解读和各种各样的设计解决方案提供了高度灵活的基础。

许多设计示例已经被制作出来，阐释了框架观念。酒瓶灯（WineLight，图3.1）是一款壁灯，由三个再利用的酒瓶组成，与新的现成电器元件一起安装在一个带有搁板的白色框架之中，搁板由松木和中密度纤维板制成。重新播放（Replay，图3.2）把一个20世纪80年代的老式卡式收录机与一个新的MP3播放器结合在一起，也是安装在一个本地生产的带有搁板的白色框架之中。重新播报（ReCast，图3.3）使用了20世纪70年代的老式收音机作为iPod的输出设备扬声器。在这个例子中，其框架由一张有图案的壁纸和其他使这个功能组合完整的要素组成。本示例还探讨了品味的概念。与之前的例子相比较，本示例还说明了基本框架这一方法考虑到了多种审美可能性的存在。重新拨打（ReCall，图 3.4）再现了一个 20 世纪 80 年代的壁挂式电话，使用框架"画布"作为背景底板，将"废弃的"物品重新布置在不同的背景之中——就本示例而言，指的是一幅绘制的背景以及其他一些物品要素，这些要素暗示了某种机构背景，而不是家庭背景。

图 3.1

酒瓶灯（Wine Light）：再利用的酒瓶、全新电器配件、灯罩和低能耗灯泡，安装在当地制作的、带搁板的白色框架中［中密度纤维板（MDF）和松木］。

图 3.2

重新播放（RePlay）：再利用的 20 世纪 80 年代卡式录音机、全新的 MP3 播放器，安装在当地制作的、带搁板的白色框架（中密度纤维板和松木）中。

图 3.3

重新播报（ReCast）：再利用的 20 世纪 70 年代收音机、全新的 iPod，安装在当地制作的、带搁板的框架（中密度纤维板和松木）中。框架装饰有复古墙纸，搁板装饰有木纹塑料贴膜。

图 3.4

重新拨打（ReCall）：再利用的 20 世纪 80 年代电话机，安装在当地制作的框架（中密度纤维板和松木）中。框架有乳胶漆涂层，还装饰有涂鸦，配有便笺以及系在绳子上的铅笔。

重新评估物品

沃克和查普林（Walker and Chaplin，1997，pp165-166）区分了人工制品具有的几种价值：

- **艺术**价值——内在优点、审美品质、重要内容。
- **使用**价值——与外观和审美属性无关的实用功能。（包括装饰、象征、纪念、思想和政治等方面的价值。）
- **情感**价值——个人的私生活、生平和情感生活。
- **交换**价值——由于市场和经济的波动，货币价值是可变的。

此处介绍的几件得以重新利用的人工制品，其最初的价值主要是使用价值，再加上"新奇性"，即与创新或时尚观念相关的美学属性。因此，这些人工制品在当时市场中的交换价值在很大程度上取决于它们在功能和美学上所展现的新意。随着时间的推移，与后来设计的样式相比，这些最初的人工制品在功能和美学属性方面都过时了，因此这些属性的价值就会减少，具体体现为这些物品极小的交换价值。

如前所述，在功能组合中重新呈现人工制品时，可以恢复其艺术价值或者审美价值，部分原因在于这些人工制品是更大的、具有审美特质的物品组合中的一部分，部分原因在于这些人工制品自身的老款式能够在物品组合中得到重新欣赏（即评估）。这是因为在当代作品中再现废弃不用的物品，可以赋予该物品新的装饰价值。而且，如果这种重新呈现的深层原因被看作有利于可持续设计，那么，这样的组合也可以获得某种思想价值，甚至获得某种政治价值。此外，重新呈现的产品是老式的，这意味着在功能组合中，该产品获得了一定的情感价值——刺激较早前的记忆。最后，当旧产品与新技术相结合以提供新功能时，它的使用价值就得以恢复。

因此，此处呈现的功能组合或者说"设计的重生"似乎是一条康庄大道，让设计师能卓有成效地解决可持续问题。功能组合提供了一种恢复废弃物品价值的手段，该做法涉及了沃克和查普林所确定的所有人工制品的价值类别。在实施过程中，这种功能组合或者"设计的重生"有助于人们重新认识现有的人工制品，有助于缓和对新的人工制品的需求，还有助于减少进入垃圾填埋场的旧产品的数量。

注 释

1　世界各地都有精神教化，从《薄伽梵歌》（*Bhagavad Gita*）到各大福音书都是，教导人们物质财富是幸福和满足的障碍。许多当代研究往往符合这些教义。正如对主观概念的研究一样，对"幸福"的研究结果也不尽相同。尽管如此，于 2003 年发表在《新科学家》（*New Scientist*）上的一项研究表明，财富与幸福并没有直接联系，世界上许多最幸福的人生活在较贫穷的国家。幸福的重要标准包括对于幸福、婚姻、朋友和较少欲望等方面的遗传倾向（BBC，2003）。在 2006 年英国的一项研究中，研究人员认为，消费主义与不变的"幸福"趋势相关（Easton，2006）。不过，也是在《新科学家》上发表的最近一项研究的结论在一定程度上质疑了这种趋势，认为那些生活在最富裕国家中的人们也是最快乐的。然而，即使在这份研究中，幸福的主要标准也往往与健康和教育有关，与经济安全有关（Khamsi，2006）。2006 年 8 月，在不列颠哥伦比亚省进行了一项关于"幸福"的调查，该调查把"幸福"的关键因素确定为家庭、朋友、事业 / 工作、健康和个人自由（Mustel，2006）。

2　"混聚"这一术语指的是使用不同来源的数字资源，并把它们以新的方式重新组合，也就是在音乐、视频以及其他网络应用等领域的重新合成现象。例如，谷歌（Google）地图已经与其他来源的信息结合起来，为特定的利益集团提供有用的解决方案。维基百科上有对混聚一词的概述。

2007 年 4 月，本章的较早版本在土耳其伊兹密尔（Izmir, Turkey）举行的欧洲设计学院大会宣读。

参考文献

BBC (2003) 'Nigeria tops happiness survey', BBC NEWS, 2 October
Boulanger, S. Personal correspondence, 30 October 2006, Director of Design, BoldWing Continuum Architects Inc., with permission
Boym, C. (2002) *Curious Boym*, Princeton Architectural Press, New York

Campana, F. and Campana, H. (2004) 'Zest for Life', Design Museum, London

Chapman, J. (2005) *Emotionally Durable Design: Objects, Experiences and Empathy*, Earthscan, London

Committee (2006) 'Design Mart', Design Museum Exhibition, London, 14 January to 19 February

Easton, M. (2006) 'Britain's happiness in decline', BBC News, 3 May, 2006

Eno, B. (2006) 'Free thinking festival', opening lecture, broadcast on BBC Radio 3, Friday 3 November

Gopnik, A. (2004) Introduction to *The Wrong Side of Paris* by Honoré De Balzac, Random House, New York

Haydon, A. (2006) Review of *Faustus*, Hampstead Theatre, London, 26 October

Khamsi, R. (2006) 'Wealthy nations hold the keys to happiness', NewScientist.com news service, 28 July.

Linux (2006) www.linux.org, accessed 28 December 2006

Manzini, E. and Jégou, F. (2003) *Sustainable Everyday: Scenarios of Urban Life*, Edizioni Ambiente, Milan

Martin, G. and Martin, G. (2006) 'The Beatles "Love"', liner notes to CD, EMI Music Canada, Mississauga, Ontario

Mustel (2006) *August 2006 Happiness Survey*, for British Columbia, Canada, The Mustel Group, Market Research.

Natural Resources Canada (2006) 'Electronics waste: Making mountains out of megabytes', *Natural Elements*.

Ramakers, R. and Bakker, G. (2004) *Simply Droog*, Droog, Amsterdam

Thackara, J. (2005) *In the Bubble: Designing in a Complex World*, The MIT Press, Cambridge, Massachusetts

Time (2006) 'Time Person of the Year – You', Canadian Edition, 25 December 2006 / 1 January 2007

Veiteberg, J. (2004) 'Hybrid practice: A craft intervention in a contemporary art arena', Challenging Craft Conference, Greys School of Art, Aberdeen, 8-10 September

Walker J. A. and Chaplin, S. (1997) *Visual Culture: An Introduction*, Manchester University Press, Manchester

Walker, S. (2006) *Sustainable by Design: Explorations in Theory and Practice*, Earthscan, London

WEEE (Waste Electrical and Electronic Equipment) Directives 2002/96/EC and 2003/108/EC

SOLAR PANEL

SUPER INSULATION

STUFF FROM EARTH

PRODUCT → USE PRODUCT OR, → KEEP PRODUCT

THEN BREAKDOWN & FEED BACK TO EARTH (& START AGAIN

⇒ EARTH = OK.

EFFICIENT & CREATIVE.

CO₂

* SUPER COMPUTER CONTROLS ALL ELECTRICAL APPLIANCES = NO WASTE

DRAIN WATER TO WM & GARDEN

DOWNLOAD EVERYTHING = NO EXCESS PLASTIC

KITCHEN

ENTERTAIN-MENT SYSTEM

VENT

BIOFUEL CAR

OVER MILLENIA PLANKTON ABSORBED CARBON DIOXIDE, AND HELPED TO OXYGENATE OUR ATMOSPHERE, AS THEY DIED, THEY FELL TO THE SEA BED AND FORMED OIL. MILLIONS OF YEARS WORK, OK CO₂ WAS LOCKED UP

Baby

PASSIVE

ROOF HOUSE OF THE FUT...

Use as little as you think possible then cut by half.

USE

MATERIALS   PROD

RE-USE

IDEA

START AGAIN

MATERIAL

FERTILISE

PULP

PLANT THE
SEED

RECYCLE

oD .0 o

PRODUCE

USE

REUSE

WOOLY
JUMPER

RECYCLE

PLANT THE SEED!

PRODUCT

LONDON

BUY LOCAL

DESIGN BRIEF
1. WHY do we need
another....?
2.
3.

CAVe

MILK

SUSTAINABLE ISN'T
ABOUT LOOKING FORW
(FUTURISTIC TENTS ETC
SOMETIMES LOOKING BA
WHAT WE DID BEFORE
CONVENIENCE TOOK

4 多元本土社会构想：
创意社区、活跃网络、赋能方案

埃佐·曼奇尼

在这些困难时期，乐观主义是一种伦理责任。

考虑到地球的现状和当前主要发展趋势所具有的毁灭性实质，我们应该扪心自问：迄今为止，设计起到了什么有效的作用？不幸的是，答案再清楚不过了。一般来说，设计一直是"问题的一部分"，而且现在依然如此。

然而，这种命运并非不可避免。设计可以而且必须扮演另一个角色，成为"解决方案的一部分"。设计之所以能够做到这一点，是因为在它的"遗传密码"中有一种观念，认为其存在的理由就是要改善世界品质。正是基于此，我们得重新开始，重新评估世界品质，也就是设计应该遵循其深刻的伦理使命来改善的世界品质。

鉴于这一点，我们可以假设设计实际上是解决方案的一部分，因为在所有社会行动者中，与人类和他们的人工制品之间的日常关系最为相关的就是设计。在向可持续性转变的过程中，正是这些关系，以及建立在这些关系之上的对于幸福的期望，在不久的将来必将改变。因此，基于这些理由，设计有自己的责任。但是，设计也拥有一种非常特殊的力量：一种既异常虚弱又强大无比的力量。说它异常虚弱，是因为它无法把自己的观点强加给别人；说它强大无比，是因为它确实有办法来操纵事物的特性及可接受性，并由此操纵事物所带来的幸福构想所具有的吸引力。因此，在我们即将进入的重要社会学习过程中，设计的独特之处在于为新老问题提供新的解决方案，并将不同构想摆到桌面上供社会讨论，协同构建关于合理的可持续未来的共同愿景。

在以下注解中，我会在这方面提出一些措施，特别是在形成新构想方面，这一构想被称为"多元本土社会构想"。

在此之前，有一点必须提出来加以强调：我即将提出的构想创建活动与其他构想创建过程一样，不是"不偏不倚的"活动，也不是"科学的"活动。这种活动始终是设计选择的结果，就"多元本土社会构想"而言，尤其如此。把一些倾向和微弱的信号放在一起加以正确的解释，就可以生成一个针对现状及其可能的变化而形成的全新积极愿景，目的在于给具体的日常行动提供参考。而从社会的复杂性以及该复杂性所发出的矛盾信号来看，"多元本土社会构想"的创建过程就是要提取这些倾向和微弱的信号。换言之，要把设计师的角色从问题制造者转换为解决方案的发起者，（合作）构建可持续社会方案是第一步，也是最根本的步骤。

本章后面的内容将展开这种方案构建活动：介绍一些社会创新方面**前景广阔的案例**（**创意社区与合作网络**），讨论是否有机会从这些案例出发，勾画出可持续未来的一种全新而实用的愿景——**多元本土**社会，这个愿景应该有能力推动不同社会行动者朝着可持续的方向行动。

前景广阔的案例：创意社区与合作网络

要向可持续发展转变，需要从根本上改变我们的生产和消费方式，总的来说，就是改变我们的生活方式。事实上，我们需要了解（地球上的所有人）如何才能**生活得更好**，同时，如何才能**减少生态足迹**并**提高社会结构的质量**。在本体系中，该问题在环境和社会层面之间的联系显露无疑，这表明，要从目前不可持续的模式转变为新的可持续模式，我们**需要激进的社会革新**[1]。

鉴于这种革新的本质和维度，我们得把向可持续性的转变（特别是向可持续生活方式的转变）看作一种**广泛深远的社会学习过程**，在该过程中，必须以最开放和最灵活的方式来确定最多元化的知识形式和组织能力。其中，地方的倡议将发挥特定的作用，在某些方面，这些倡议标志着新的行为和新的思维方式。

我们要怎样才能辨别出这些社会革新的标志呢？如何了解"革新"来自何处？又该怎样识别这种革新是否被视为、何时被视为向可持续发展迈出的一步？要回答这些问题，我们首先要做的就是观察，通过观察了解到在当代社会的框架内，社会革新的案例层出不穷，其表现形式为新的行为、新的组织形式，以及新的生活方式。其中有些革新案例甚至比以前更不可持续，但是，也有一些革新案例看起来像是朝着更可持续的生活方式迈进的举措，很令人关注。这些案例就是**前景广阔的案例**，即这样的一些倡议：在这些倡议中，一些人出于不同的原因，以不同的方式，朝着似乎与社会和环境的可持续性原则相一致的方向重新调整他们的行为和期望。

目前，这些前景广阔的案例仅仅代表了社会上少数人的观点，面对主流的思维方式和行为方式，其中许多构想案例往往销声匿迹。尽管如此，对于促进和指引向可持续性的转变而言，这些案例仍然至关重要。事实上，它们自称为社会实验，而且，就整体而言，**是一个关于各种未来的大型实验室**。在这个实验室中，可以搜索并评估各种不同的迈向可持续性的方法。正如在每一个实验室一样，没有人能推断哪一个实验会真正成功。然而，如果我们能够了解这些实验并从中学习，那么，每一次尝试都可能给我们带来一些有用的体验。

下面我将考量两类前景广阔的案例：**创意社区**与**合作网络**。

创意社区

把社会作为一个整体加以观察，我们可以看到，在所有的社会矛盾中，虽然有众多令人担忧的倾向存在，但同时也有其他迹象出现，这些迹象预示着截然不同且更有前途的发展模式。虽然这些迹象还很微弱，但仍然清楚地表明了另一种存在方式和行为方式的可能性。群体或者社区就是很好的例子，他们共同行动，是为了：

- 重组他们的家庭生活方式（如**合作建房**运动）和他们的邻近区域（把邻近区域融入生活；为孩子创造步行去上学的条件；培养步行或者骑行的活动能力）；
- 为老人和父母开发新的参与性社会服务（例如，年轻人和老年人共同生活，或者由颇具事业心的母亲们开设并管理小型托儿所）；
- 建立食品网络，培育有机产品生产商，提高产品质量，凸显产品的典型特征（如慢食运动、团购组织和公平贸易组织）。[2]

还有许多这类案例，既具有多样性，也具有共性。[3]

事实上，从整体上看，这些颇有前途的案例告诉我们，在今天，已经可以特立独行，已经可以从不同的角度来考虑自己的工作、自己的时间和自己的社会关系体系。这些案例还表明，的确有些人能够超越主流的思维模式和行为模式，他们按照自己的方式行事，安排自己的活动，与他人合作，并由此取得实实在在的积极结果。

我们将这些案例称为**创意社区**，即具有创新精神的公民群体，他们自行组织起来解决问题，或者开辟新的可能性。在向社会和环境可持续性迈进的社会学习过程中，他们的做法是一种积极的举措。[4]

合作网络

在组织领域以及人们参与合作项目的方式中，发生了一些非常有趣的事情。这种现象源于开源软件运动中出现的组织模式。[5]

在过去的十年里，这种高度合作化方法背后的原理已经越来越多地应用于软件编码之外的许多领域（Lessig，2001；Stalder and Hirsh，2002）。现在，我们可以看到，这些原理在其他几个应用领域中运用得相当成功，已经提出了有效的合作型组织模式。例如：

· 新的公共知识的创立，**维基百科**就是如此，在短短几年内，就已经成为世界上最大型的百科全书；

· 新的社会组织形式的出现，诸如**见面会**（Meet-Up）、**聪明暴民**（SmartMobs）和英国广播公司的**行动网络**（Action Network）这类社会组织把对某件事情（例如租巴士旅行、清理河岸等）感兴趣的人们联系起来，一旦达到必要的数量，就支持他们一起去做这件事情；

· 点对点方法在卫生保健活动中的应用，例如英国设计委员会（British Design Council）领衔进行的项目**开放式福利**（Open Welfare）。

必须强调这些新模式的创新特性。所有这些**合作网络**的例子都具有的特征是其动因和方法，这些都是几年前难以想象的，但现在已经成为规范。大量志趣相投的人可以聚集在一起，组织起来创建共同的愿景，实现共同的目标，甚至开展非常复杂的全球性项目（如维基百科）或地方性项目（如见面会、聪明暴民和行动网络）。英国设计委员会把这些模式称为**开放模式**（open models）。引用该委员会的说法，这些模式是组织工作的新形式，不依赖于"大众参与来创建服务。服务的使用者和提供者之间的界限模糊不清。事实上，要把服务的创建者与服务的消费者或者使用者区别开来往往不太可能"（Cottam and Leadbeater，2004b）。

可能的融合

要总结此部分，就有必要强调一点：迄今为止，**创意社区**与**合作网络**一直都是两个截然不同、毫不相关的现象。它们是由不同的人出于不同的动机而创建的，只有极少的重合部分。然而，我认为在不久的将来它们会相互融合，成为社会变革的一股独特而复杂的动力。如此一来，二者大力结合，彼此加强：创意社区将吸引各色人等参与到日常的实际问题之中，而合作网络则会带来源自其全新组织形式的新的机会。[6]

此外，创意社区与合作网络以及二者之间可能的融合之所以具有如此显著的意义，还有一个重要的原因：二者的融合可以成为新愿景的基石——可持续的**多元本土社会**愿景，也就是一个基于"本土"与"全球"之间全新关系的社会。

构想：多元本土社会和分布式经济

与过去的看法相反，全球化和不断增强的连通性这两种现象再次共同带来了本土维度。"本土"这一表达在当前的含义与过去人们所理解的含义（即山谷、村庄、小型省级城镇，它们都与世隔绝，相对封闭在自己的文化和经济之中）截然不同。全球化以及文化、社会和经济之间的连通性在世界范围内带来并且支持新的现象，而新的本土化则将各地及其社区的具体特征与这些新的现象结合起来。

事实上，我们看到的是**创意社区**与**合作网络**，二者共同创造出前所未有的文化活动、组织形式和经济模式，而这些都是两个互补策略的交会点：一方面是本土与全球两个维度之间的平衡互动，另一方面是本土（物质和社会文化）资源的不断改善。

这些现象中所表现出来的是一种**世界性地方主义**（*cosmopolitan localism*，Sachs，1998；Manzini and Vugliano，2000；Manzini and Jégou，2003），是一种特定条件所带来的结果，其特点在于（植根于某地及其社区的）地方主义与（针对全球思想、信息、人、事物和金钱的流动所采取的）开放性二者之间的平衡（Appandurai，1990）。这一平衡非常微妙，因为其中一方随时都可能压倒另一方，从而导致反历史的封闭，或者说，它也可能给当地社会结构和独有特征带来破坏性的开放。

如前所述，**创意社区、合作网络**和**世界性地方主义**是可持续发展社会这一新愿景的基石。这种社会可以被定义为**多元本土社会**，也就是说，是一个既开放又本土化的网络，由相互关联的社区和地方构成。

小非小，本土非本土

在多元本土社会的框架中，关于"全球性"和"地方性"、"大"和"小"的主导思想受到挑战。事实上，多元本土社会本质上是一个高度关联的世界。在这种世界中，**小非小**——小的事物（可以）是网络中的一个结（其真实规模取决于它与体系中其他元素链接的数量）。同样，出于相同的原因，**本土非本土**——本地社区（可以）是一个以本土为基础的世界性社区。

在这一概念和实践框架中，**多元本土社会**以一个基于社区和地方的社会出现[7]，而这些社区和地方既具有根植于物质场所的很强的自身特性，又向其他地方 / 社区开放，并与这些地方 / 社区相互关联。[8]

换句话说，在多元本土社会中，社区和地方是网络的会合处，即短网络的结合点，这些结合点会生成并再生成当地社会和生产结构以及长网络，而这些长网络则又把该地方和社区与世界其他部分连接起来（De Rita and Bonomi, 1998）。结合点将"全球长网络"与"本地短网络"连接起来，以此为基于**辅助原则**（即只有在地方层面这种较小规模无法做到的事情，才以较大的规模开展）的组织形式以及生产和服务体系提供支持。

今天，多元本土社会愿景仍然远非主流，但却指出了一个方向，出于多种原因，这一方向可以成功地为人们所接受。事实上，如前所述，此愿景的依据是**真实的社会创新案例**（创意社区与合作网络），所以它不仅**在当地是可行的**，还与另一个**带来变革的强大驱动力**相一致：**分布式经济**的崛起。分布式经济这一选择很可能取得成功。

分布式经济：可行的选择

近年来，"分布式"这个形容词已被越来越多地应用于几个不同的社会经济体系：信息技术与**分布式计算**；能源体系与**分布式发电**；生产与**分布式制造**的可能性；变革的过程与**分布式改革**、**分布式创新**、**分布式知识**。最后，与整个社会技术体系相关的，还有新的更有效的经济模式的兴起——**分布式经济**。

其中一些概念在 20 年前就已成为主流（分布式计算就是一个"经典的"例子），一些概念在国际舞台上地位稳固（例如分布式发电和分布式制造的概念），一些概念是近年出现的，其他一些概念则正在发展中，拥有广泛和日益增多的受众（例如分布式改革、分布式创新、分布式智能和分布式经济）。

在所有这些情况中，**分布式**[9]这个词在与之相关的实体之上附加了这样一种观念：分布式应该被视为由**相互关联**但又**独立运作的因素**所构成的网络，也就是说，这些因素能够自主运作，但同时也与体系中的其他因素高度相关。

换句话说，"分布式"这个形容词指的是一种**横向的体系结构**，在该体系结构中，复杂的活动是由大量相互关联的因素（技术产品和人类）同时完成的。

从整体上看，两个主要**驱动力**和一个新的**技术**平台共同带来了这种独特体系结构的传播，具体说明如下：

- **技术经济驱动力**：追求灵活性、有效性，减少废物，体系的鲁棒性和安全性。

- **社会文化驱动力**：追求创意、自主性和责任感，这是人的一种基本倾向，在当代社会越来越多的人身上，这种倾向尤其明显。

- **新的技术平台**：当前高度的关联性，以及由该关联性带来的管理极其复杂体系的可能性。

分布式体系的视角本身可能是一个耐人寻味的模式，会尽可能探索出一系列卓有成效的社会技术创新。如果把该视角的环境、社会、文化和政治影响考虑进来，同样的视角甚至变得更加重要。

- **社会经济影响**：分布式经济构成了地方层面价值创造过程中的很大一部分，给当地带来财富和就业机会，并一直维持这种情况。在加强当地活动和互动的同时，分布式经济也巩固了**社会结构**，并为优化现有**社会资源**的利用和再生提供了有利的基础。

- **环境影响**：通过减少单个元素的规模，分布式体系能够优化利用当地资源，促进工业共生形式的发展（从而减少浪费）。与此并行发展的是，使生产更接近当地资源和最终用户，这样的做法减少了运输需求，进而减少了交通拥堵和污染。

- **政治影响**：分布式体系将决策权进一步交到最终用户手中，并且提高了决策体系的可见性，由此，分布式体系促进了民主讨论和选择。人们可以更好地比较与选择有关的优势和问题，鉴于此，分布式体系尤其有助于个人和社区作出负责任的决策。

是否有可能发展具有积极的环境、社会经济和政治影响的分布式体系，这取决于几个方面，其中特别重要的是要更好地了解这类体系的潜力，并且有能力辨别能够成功利用此体系的情况。

为了多元本土市场而开展的本地生产

分布式经济最初的成功发生在本章开头介绍的世界性地方主义的框架之中，与对"**本土"的重新发现**密切相关。由此看来，**成功的本土产品出现了，它们与原产地相关联，与代表其观念和生产的文化和社会价值观相关联**。被引用最多且最广为人知的例子是优质葡萄酒和一些专营食品，如慢食运动所提倡的食品。而且，非食品类产品也可以作为例子加以引用，如普罗旺斯（Provence）地区的精油、穆拉诺（Murano）的玻璃制品和卡森蒂诺（Casentino）的羊毛——所有能够把某地和某社区的精神和历史传达给最终消费者的产品都可以作为例子。[10]

在重新发现"本土"的过程中，最引人瞩目的部分是一些本土产品在全球市场所取得的成功。但此过程中，还有一点虽然没那么显著，但却更为重要——**为本土市场所生产的本土产品**在本土生产商和消费者社区之间建立起了直接的联系。在食品类案例中，这种可能性特别明显，出现了创新的、本土化的、没有中间商的**食品网络**（例如，采购团体、基于社区的农业、农民市场和蔬菜订购）。在其他一些传统本土产品和**当地对可再生能源的使用**中也有类似的情况发生（这一点尤为重要，将在下一节中加以讨论）。[11]

分布式智能和分布式能源

从分布式经济的视角来看，另一个甚至更为重要的成功案例是**分布式智能**。事实上，众所周知，互联网和日益增长的计算潜力已经生成并仍在生成一种新的分布式智能形式，该形式属于社会技术体系。

这种现象在社会技术体系的组织方面带来了彻底的改变：在工业社会中，稳固的纵向组织结构一直占据主导地位，现在也依然如此。不过，此时此刻，这种纵向组织正在逐渐转变成为流动性较强的横向组织。新的分布式知识形式和决策形式正在出现。这种现象的范围和力度是当今公认的，但其潜力和影响并没有得到充分了解。例如，可以这么说，本文所讨论的所有其他社会技术革新现象都应被视为分布式智能所带来的直接或间接的影响。

分布式发电就属于这种情况。分布式发电通常指的是一个能源体系，该体系（主要）以**互联的中小型发电厂和可再生能源发电厂**为基础。这意味着电气体系的主导思想发生了根本性的变化。但情况不仅如此——在社区及其技术资产之间，也有可能产生一种新型关系，有可能产生一种更民主的能源体系管理方式。

即使分布式发电还不是当前的主流做法，但在很大程度上也被认为是非常有前途的选择。在不同情况下——不管是在人口密集的城市地区还是在农村地区，不管是在世界的南半球还是北半球——分布式发电的实施都得到了加强。分布式发电这一选择之所以成为可能，原因在于多种因素的融合，例如高效率的中小型发电机的存在，以及将新的能源体系建立在智能信息网络上的可能性。

分布式智能和分布式发电的结合可以看作是一种新型基础设施的支柱：**多元本土社会的分布式基础设施**。

行动：赋能解决方案与全新的工业化理念

对于商业和机构而言，这些前景广阔的案例以及分布式经济的视角指向了多种令人关注的研究，也表达了对新一代产品和服务的需求，这些产品和服务可以使这些举措在环境、社会和经济方面更可及、更有效。

我们以前面提到的创意社区为例。创意社区之所以如此，是因为他们根据自己的背景发明了不同的行为方式和思维方式。对创意社区进行更仔细的研究，我们就会明白它们是在非常特殊的条件下出现的。最重要的是，它们是那些特立独行的人所具有的创新精神带来的结果——那些人已经能够打破主流思想和行为的牢笼，并进行自己的思考和行动。虽然这近乎英雄式的特点是这些现象最迷人的一面，但也是推广这些现象的客观限制（通常也是其持久动力的限制），因为卓越的人很少，而且，最重要的是，他们也终将逝去。

因此，为了促进这些行事方式的持续和推广，我们必须从这些体验及其已经发明并实现的组织模式出发，提出特别构思的产品和服务，进而增强产品和服务的可及性。换句话说，我们必须设想并实施**赋能解决方案**，即提供认知、技术和组织等方法的体系。这些方法使得个人和社区能够充分利用他们的技术和能力去实现某种结果，并同时提高其生活质量。[12]

例如，可以用赋能解决方案协助家长团体创建微型幼儿园。该方案不仅包括一步一步的创建程序，还包括一个保障体系，确保作为家长的组织者以及幼儿园场所的适当性，并为幼儿园无法自行解决的问题提供健康和教育支持。同样，可以专门设计软件来管理购物并确保与生产商之间的联系，以此来支持团购小组；合作建房项目也可以得到某个体系的帮助，该体系把潜在的参与者联系起来，帮助他们找到合适的建筑物或建筑用地，并帮助他们克服行政和财政困难……这样的例子不胜枚举。

这些例子一个接一个地告诉我们，我们的确可以想出赋能解决方案。这些方案从组织者能做的事情出发，在薄弱环节提供支持，整合那些被证明缺失了的知识和能力。因此，赋能解决方案这一概念标志着一系列的研究，涉及开发产品、服务和知识等体系的可能性。人们认为这些体系能够增加并强化个人和集体的机会，能够积极地让用户参与体系开发的过程，从而使得既定结果为人们所理解。在发挥这一作用时，必须利用一种特殊类型的解决方案智能，这种智能必须能够刺激、发展和再生其使用者的能力和本领。[13]

同样的社会革新案例也可以表达一种超越现有技术的需求，该需求表明了多项全新的**社会驱动型研究**。例如，共享生活设施的经验可能成为新一代设备的起点，这些设备是为了实现全新的家庭和住宅功能。如果解决方案能够制定健康饮食，并且能与潜在的生产商建立直接联系,这样的方案就有可能会促进营养行业新原理的产生。本土化生产和自我生产的案例可以刺激过程发展和产品研发,这些过程和产品都是专门为了这种分散型生产而设计的。机动性体系可以替代汽车单一化,在这方面的体验有可能带来替代性交通方式的发展。凡此种种,不一而足。

在讨论这些问题以及它们所需服务的性质时,有一点很明显:在大多数情况下,这些都是**复杂的情境化服务**。它们需要不同参与者的合作:私营企业、公共机构、志愿者协会以及直接或者间接的终端用户自身。这些特点意味着我们可以把这些方案看作**基于合作伙伴的解决方案**,即需要几方合作伙伴参与的解决方案。[14]

体系组织者和解决方案提供者

为了响应先前的需求,开发并交付基于合作伙伴的解决方案,公司必须作出改变,要接受**体系组织者和解决方案提供者**这样的角色。这意味着公司必须了解如何组织产品和服务体系,这样的体系是为了共同使用而设计,并且要适合客户的具体需求和背景。

即使公司本身原则上认同朝这个方向发展的必要性和机会,要转向成为体系组织者和解决方案提供者绝非易事。事实上,这意味着公司必须以全新的方式与客户、其他公司(通常是竞争对手)和其他利益相关者建立联系,在特定背景中来看待客户和客户群体(例如"创意社区"),并把其他公司和利益相关者看作在生成、提供和交付解决方案的过程中的合作伙伴。

最后,必须强调的是,从公司的角度来看,一定得考虑的问题不仅是如何推动"可持续解决方案",还包括构思和制定"**工业化的可持续解决方案**"。而且,在制定工业化的可持续解决方案时,可能出现的问题和困难不仅与我们想要达到的结果(即**解决方案**)的复杂性有关,与把这些方案构思为可持续体系(即**可持续的解决方案**)的难度有关,而且还与产品服务体系"系统化"的方式有关。这些产品服务体系能确保可持续结果的产生,系统化后能成为真正的工业活动的产物(即**工业化的可持续解决方案**)。

一种新的工业化理念

必须要更好地定义工业化的可持续解决方案这一概念。采纳这一概念意味着从传统的以产品为导向的线性化生产观念转变为新的**以服务为导向的网络化生产**观念——在网络化生产中，主要结果是服务，其生产体系是由形形色色的行动者共同建立的社会技术体系。

这一变化带来了一种全新的工业化理念。根据该理念，人们利用精选的**本土**和**全球**知识来生成一个高效的社会技术体系，而且，还得使**各类不同的**行动者和实体变得更加高效。在这种工业化中，对有效性和效率的寻求与**范围经济**而不是规模经济更相关，与**自下而上的方法**而不是传统的自上而下的方法更相关。

最后，也是最棘手的问题：在这种工业化中，必须创造的价值不仅需要考虑市场经济中企业的**利润**，还需要考虑合作伙伴的各种**利益**。这些合作伙伴由不同的价值观所驱动，并且在不同的经济体框架下展开活动，社会企业的"目标导向型经济"和志愿组织的"礼物经济"就是如此。

如果朝着这个方向发展，就会出现一种新的工业化形式：一种**高级的工业化**，能够协调各种各样的参与者，使他们以可持续发展为目标，按照可持续发展的方式进行合作——尽管这些参与者发展的规模和所遵循的基本原理并不相同。总的来说，这种工业化与**向可持续的多元本土社会过渡**的挑战相一致。

注 释

1　**社会革新**：个人或社区为了取得某一结果（即解决问题或者创造新机会）而采取的行为方式的变化。这些革新由行为变化所驱动（而不是由技术或者市场驱动），产生于自下而上的过程（而不是自上而下的过程）。如果取得结果的方法是全新的（或者说如果结果本身是全新的），我们就可以称之为**激进的社会革新**。

2　前景广阔的可持续案例见"每日可持续项目"（Sustainable Everyday Project, SEP）资源库。

3　此处我们指的是正在进行的研究活动的结果，特别是"新兴用户需求"的结果。

"新兴用户需求"是一项"特别支持行动"（Specific Support Action），重点关注欧洲前景广阔的可持续发展社会革新案例。更准确地说，"新兴用户需求"指的是**新兴的用户对可持续解决方案的需求：社会革新促进技术创新和体系创新**2004—2006 年（NMP2-CT-2004-505345）。在有些案例中，居民和社区以极具创意的方式利用现有资源，进而带来体系革新，"新兴用户需求"寻求的就是给这类案例带来更多的启发。它的目标是准确解释这些案例和社区所表达的对产品、服务和解决方案的需求，并指出可以提高效率、可及性和传播性的研究方向。其行动包括：（1）确定面向可持续发展的社会革新案例；（2）评估、选择并揭示最有前途的案例；（3）明确它们引起的对于产品、服务和解决方案的需求；（4）通过技术发展趋势、场景预测和路径图的方式来想象、沟通并传播这些案例及其可能带来的影响。（截止日期：2006 年 3 月 31 日；持续时间：24 个月；方法：特别支持行动。）

4 我们已经把这些人定义为"有创意的人"，因为他们是有革新精神的人，具有足够的创造力来发明新方法，从而解决问题并开启新的可能性（Manzini and Jégou，2003）。考虑到这些创意社区的动态性特征，我们可以把针对这些创意社区的讨论与往日针对那些**活跃的少数群体**的争论联系起来（Moscovici，1979），与最近针对**创意阶层**（Florida，2002）、**文化创意人员**（Ray and Anderson，2000）和**创意城市**（Landry，2000）的争论联系起来。即使此处让我们感兴趣的这类社会创新（即参与创意社区的公民的创新）与我们谈到创意阶层或者文化创意人员时通常所指的创新并不相同，我们也可以假设他们正面临着相似的问题和机遇。

5 最著名的开源合作经验是 Linux 软件，最初由芬兰研究生林纳斯·托瓦兹（Linus Torvald）开发。任何人只要免费与其他人共享任何改变或者新特点，都可以免费使用 Linux 软件。简单的规则、共同的目标和明确的业绩衡量标准，使得这个全球性社区能够分享各种想法，也因此改善了作为一种**共享公共物品**的软件自身。

6 看着这些新出现的现象，我们可以做出合理的假设：可以拓展点对点组织的原则来促进新的创意社区的出现和传播，也促进随之而来的关于福利和福祉的新观念的出现和传播（Cottam and Leadbeater，2004b）。另一方面，我们也可以做出这样的假设：自下而上和自上而下措施的适当组合能够促进，并且最终必须促进创意社区与合作网络之间的融合。也就是说，为了取得成功，现在**需要新的管理形式**。

7　有一点很重要：我们必须强调，多元本土社会的愿景根本不会提出任何怀旧的看法——它不是指小型的地方自治实体，而是指之前提到过的高度互联的地方、社区和体系。

8　应当补充的是，世界性地方主义与关于幸福的新观念之间是互生关系。一些地方特征会给人带来良好的感觉，对其方法与程度的认识正是幸福的基础所在。例如，安全感源自一直有效的社会结构、当地的健全合理、景观的美不胜收等方面，认识到其方法与程度就能够促进人的幸福（Censis，2003）。认识到本土特征在定义幸福方面所起的积极作用，这最能区分我们此处强调的地方主义与传统的地方"村落文化"（通常，"村落文化"认为当地的物理和社会特征没有任何价值）。这种认识，以及信息和通信技术所具有的消除地方性的潜力，二者共同带来了本土—全球活动新形式的传播，这完全可以被称为世界性地方主义。当人们在托斯卡纳（Tuscany）无需失去必要的国际联系就可当上经纪人、音乐家或者制陶工人时，又为什么要在一个自己不喜欢的地方做同样的事情呢？

9　**分布**：把某物分成若干份进行分配（摘自《维基词典》——基于 Wiki 的开放内容词典）。

10　然而，为了这种模式的成功，这些产品所涉及的地方和社区需要充满活力、繁荣兴盛和保证高品质。换言之，如果产品带有本土精神，那么该地（及其代表社区）的品质也必须得到保证。因此，在地方、社区和产品之间需要建立双向联系：地方与社区的品质是产品成功的决定性因素。反之亦然，从长远来看，产品的成功也需要支持原产地和原产社区的品质革新。简言之，受控原产地的产品需要有保证品质的地方和社区。

11 为了本土市场而进行的本土生产可能出现在不同的背景下，受到不同动机的驱使，有可能发展**销售时点式生产**。在这种情况下，生产过程的一部分所进行的再本土化与当地本身无关，而只是寻找轻松而灵活的生产体系这种做法所带来的一个直接结果。通过重新设计过程和产品来及时地在当场（即在需要的时间和需要的地方）完成定制的最终产品，这种可能性和机会并不新鲜，我们可以参考以下几类产品：从 T 恤衫到光盘，从书本到眼镜，从饮料到家具。对于其中一些例子，销售时点式生产已经是现行标准。对于其他一些例子来说，这个想法还处于早期阶段。但是，更有可能的是，定制化和语境化的需求、新技术的潜力，以及交通会带来的日益增加的环境和经济成本这三者的合力将增加产品和生产在技术方面本土化的可能性。

12 每一个赋能解决方案都具有特定的**赋能潜力**，该潜力表明了这种解决方案给予用户和用户社区自主权的程度。也就是说，它在多大程度上让用户和用户社区有能力去做他们认为相关的事情。例如：

个人和社区的授权：

（1）文化能力（知识和技能）；

（2）物质能力（物质辅具）；

（3）心理驱动力（文化或伦理利益）；

（4）经济驱动力（储蓄或得到报酬）。

环境条件的改善：

（1）可及性（减少身体或心理障碍）；

（2）行为时间（使拟举办的活动更高效，或者腾出其他活动中的时间）；

（3）行为空间（减少所需的空间，腾出其他空间，或者创造新的空间）。

体系事件的发展：

（1）组织机会（支持活动组织）；

（2）网络建设（支持不同行动者之间的联系）；

（3）社区建设（支持新形式社区的建设）；

（4）群聚效应的产生（包括必要数量的参与者）。

13　显然，用户越内行越积极，就越容易取得成果，需要的方法也越简单。另一方
面，用户越不懂行，系统就越得提供用户不懂或者无法完成的内容，以此来弥
补用户所缺少的技能。此外，用户越不积极，系统就越得兼具友好与魅力，以
此来刺激用户。

14　以下概念建立在高度定制的解决方案（Highly Customized Solutions， HiCS）
所取得的结果之上，该方案是一项欧洲的研究，一直由欧盟第五框架计划
（European Community 5th Framework Programme）资助。

参考文献

Appandurai, A. (1990) 'Disgiunzione e dufferenza nell'economia culturale globale', in Featherstone, M. (ed) *Cultura Globale*, Seam, Rome

Censis (2003) *XXXVII Rapporto sullo Situazione sociale del Paese*, Censis, Rome

Cottam, H. and Leadbeater, C. (2004a) *Health. Co-creating Services*, Design Council-RED unit, London

Cottam, H. and Leadbeater, C. (2004b) *Open Welfare: Designs on the Public Good*, Design Council, London

De Rita, G. and Bonomi, A. (1998) *Manifesto per 10 Sviluppolocale*, Bollati Boringhieri, Torino

Florida, R. (2002) *The Rise of the Creative Class. And How it is Transforming Work, Leisure, Community and Everyday Life*, Basic Books, New York

Geels, F. (2002) 'Understanding the dynamics of technological transitions: A co-evolutionary and socio-technical analysis', PhD Thesis, University Twente (Enschede), the Netherlands

Geels, F. and en Kemp, R. (2000) 'Transitions from a socio technological perspective (Transities vanuit een sociotechnisch perspectief)', Report for the Ministry of VROM, University Twente (Enschede) and MERIT, Maastricht

Landry, C. (2000) *The Creative City: A Toolkit for Urban Innovators*, Earthscan, London

Lessig, L. (2001) *The Future of Ideas. The Fate of the Commons in a Connected World*, Random House, New York

Manzini, E. and Jégou, F. (2003) *Sustainable Everyday. Scenarios of Urban Life*, Edizioni Ambiente, Milano

Manzini E. and Vezzoli C. (2002) *Product-Service Systems and Sustainability. Opportunities for Sustainable Solutions*, UNEP Publisher, Paris

Manzini, E. and Vugliano, S. (2000) *II Locale del Globale. La Localizzazione Evoluta come Scenario Progettuale*, Pluriverso N1, Rizzoli, Milano

Manzini, E, Collina, L.and Evans, E. (eds) (2004) *Solution Oriented Partnership, How to Design Industrialized*, Cranfield University Press, Cranfield

Mont, O. (2002) 'Functional thinking. The role of functional sales and product service systems for a functional based society', research report for the Swedish EPA, IIIEE Lund University, Lund, Sweden

Moscovici, S. (1979) *Psychologie des Minorites Actives*, PUF, Paris

Ray, P.H. and Anderson, S. R. (2000) *The Cultural Creatives: How 50 Million People Are Changing the World*, Three Rivers Press, New York

Sachs, W. (1998) *Dizionario dello Sviluppo*, Gruppo Abele, Torino

Stalder, F. and Hirsh, J. (2002) 'Open source intelligence', *First Monday*, vol 7, no 6

YS COLLECTED,
IVER, CAN I HAVE A PIPE PLEASE!
ERA AND **ACTION**!

God

N WATER

"HARVESTING IDEAS"
SUSTAINABLE STORY BOARD

"Rain and wind blowing
shaking the barley"
"should be used for
beer"

planting

BOUT CLOCK and — it is roundabout six

Reusable rain water.

WIND
MACHINE

OMON

GRAIN

GLASS TOP

mild steel

Solar
panels

TRIPOD
LEG
7

8
PYRAMID

TRACTOR
DRIVER

10

GRAIN

PLANTS

Tony's
BARLEY
FIELD

TAP

PIPE

ECONOMY

Lovely everlasting
solid furniture to
pass-on for generations
and generations and
generations to come.

SOCIAL

METADESIG

LOUVRES

perspex skylight

"design as SEEDi
replacing design
as planning"

Horrible old dress

Brand new T-shirt

LEARNING

Recycle Clothes

WOOD

SUN

SUSTAIN
OCTOGON
AIR ARR

META   DESIGN

treehugge
TEAMS

ROCK

SUN DIAL

FIELD

WATER

ROUND

REFLECTIVE
LIGHT

THE AMERICAN DREAM IS A FRENCH DREAM
SELF HELP WILL LEAD TO COLLABORATI

5 相对充裕：
富勒的发现——杯子总是半满的

约翰·伍德

在撰写本文时（2006 年），英国新闻界正以环境灾难导致人类灭绝的故事来吓唬可怜的读者。不过，这也令人欣慰，因为它给了我一种似曾相识的不安的感觉。我还记得 1973 年的石油危机如何突然间引发了一波公众惊恐不安的浪潮，之后很短的一段时间内，我感觉很好。不幸的是，一年之后政客们就谈妥了新的石油价格，我们的生活又恢复如初。从那时起，混乱、短视的政界就几乎没有改变过，这一点令人深感不安。尽管科学家们几乎一致地警告说，我们目前的生活方式正在对我们赖以生存的生态系统造成不可估量的损害，但政治家们却似乎找不到不涉及无谓税收或财政刺激的积极解决办法。他们发现，在收入、能源消耗、原料使用或者个人流动性等方面，要对选民以诚相待极其困难。事实上，似乎有一条不成文的法律规定：每个选民（即"消费者"）天生就有权利尽兴地利用这些物品。这个想法是什么时候产生的呢？我们可以选择过去几十万年中的许多关键时刻中的任何一个来回答这个问题（Ponting，1991）。不过，我们就以最近的事件为出发点，来看看美国最具影响力的出口之物——"美国梦"（American Dream）。詹姆斯·特拉斯洛·亚当斯（James Truslow Adams）于 1931 年完成了《美国史诗》（*The Epic of America*）一书，该书探讨了美国人对幸福生活不计后果的渴求，认为美国人"总是愿意把自己的最后一块钱压在梦想上"。像"购物疗法"（retail therapy）或者"买到走不动"（shop until you drop）之类的俏皮话可能并不是真正的美国式说法，但其背后的政治情绪却真的是美国式情绪。毫无疑问，无国界的新世界设想，或者建立在勤奋和创造力之上的、基于金钱的精英政治，似乎是十足的美国产物。如果听到有人说美国梦仅仅是在效仿更早期的法国梦（French Dream），许多美国市民会很不高兴。就在美国确立宪法权限之前，法国大革命（French Revolution）的领导人制定了一个共和国构想，该构想建立在他们的君主制经验之上，这一点毫不奇怪。他们认为王室特权太容易引起纷争，因此应该把权力平等地重新分配给全体公民。尽管存在明显的巨大差异，但两种构想都抱负远大，具有解放性和深厚的人文主义情怀。更重要的是，两种构想都强调权利，而不是责任。那么，这与地球的气候变化和物种灭绝问题有什么关系呢？线索就在自由、平等和博爱这三项指导原则之中。此处完全没有提到"自然"，这在很大程度上造成了我们现在面临的这个烂摊子。

此分析中也必须加入英国的作用。值得注意的是，在《美国独立宣言》（*American*

Declaration of Independence，1776）出版的同一年，亚当·斯密（Adam Smith）也出版了影响深远的利己主义经济学构想［《国富论》（*The Wealth of Nations*）］。个人的努力会为多人创造财富，这一观点仍然是美国经济体系的基石。但是，如果你把斯密的逻辑太当回事，你可能会开始更重视个人权利而不是个人责任。在某种意义上，消费主义只是这一信条的最新体现。如今，太多令人眼花缭乱、一应俱全的服务、产品、礼品和奢侈品诠释着美国梦的多国版本，这就是比尔·盖茨（Bill Gates）所说的"无摩擦的资本主义"（Gates，1999）。这个说法预示着安逸、速度和舒适，也暗示了美国梦中暗含的"自由"这一概念的含义。此处的"自由"是什么？我们会从什么中获得自由？即使是最乐观的美国方式（American Way）倡导者也不会说自由是乌托邦式的世外桃源香格里拉。就本质而言，自由就是务实、金钱至上、以产品为中心的经济，适合诚实勤奋的工作者，他们通过创造就业机会、购买商品和"奢侈生活"来支持经济的发展。在这种情况下，自由是选择和消费的权利，而不是做梦的权利。相反，专业设计师则代表他们的客户来做梦。这种做法再加上便利的网络交易、简单的支付系统以及送货上门服务，消费者就可以在任何时间、任何地点任意选择任何想要的物品。这反映了融入自由美国梦想之中的法国大革命的悲剧性遗产。两百年前，在把君主制国家解体为以公民为中心的共和国时，法国新制度的领导人想赋予人民大致来讲等同于国王或者女王的权利。从意识形态上讲，或者说，正如故事所述，如果蛋糕对玛丽·安托瓦内特（Marie Antoinette）来说足够好的话，那么，它对每个人来说一定也足够好。（译者注：历史上，有关玛丽·安托瓦内特流传最广的典故是，当她听说法国百姓吃不上面包时，竟然答道："那就让他们吃蛋糕吧。"不过，这个传说的真实性是很有异议的。）那时，我们就需要更多的蛋糕。不久，一场大规模生产革命解决了这个问题。这场革命很快就承诺要发放奢侈品给几乎每一个人。

到19世纪末期，设计师被要求创造新产品来吸引不同的人（Forty，1986）。从那时起，要维持新的美国梦，设计师变得越来越重要。他们设计的产品种类繁多，更令人满意，超出了顾客的想象。如此一来，他们使得市场多样化，并且创造了更多的业务。通过广告干预、市场调研和促销系统，他们创造了一个产业，该产业首先为人们的欲望创造出某种用途，然后再创造出人们对欲望的渴求之心。卓有成效的铁路网络的出现，以及亨利·福特（Henry Ford）研发的第一辆大规模生产的汽车，为所有层面的商业和消费带来了更大的潜力。更大的个人流动性带来了新的销售机会，创业精神也变得越来越普遍。小说、电影、汽车和其他产品体现并传播了美国生活方式令人羡慕的魅力和影响力，在很大程度上使美国梦对世界其他地方产生了巨大的吸引力。虽然为了追求最佳效果，对美国生活方式的一些方面进行了人为包装，但该系统运行极好，就像许多可共享的梦想一样，成为一个自证预言。不过，这样的事情无法长久。到了 20 世纪 80 年代，很明显，这个系统最终将吞噬我们的房屋、我们的家。而这正是布伦特兰报告（Brundtland Report）得以委托的原因。显然，美国梦最终可能会害死我们所有人，所以我们不得不设计一个替代方案。三四十年前，"生态设计"（eco-design）这个概念对当时的环保先锋来说可能听起来有点狭隘或者肤浅。到了 21 世纪初，像"可持续消费"（sustainable consumption）和"可持续商业"（sustainable business）这类人们热衷的概念已经进入了日常用语并混淆视听。今天，我们常常使用这些术语，不带任何讽刺意味，也并没有明显地感觉到这些术语的模糊性和矛盾性。我们是如何、为何进入了这种迷失方向和自我欺骗的可怕状态呢？

20 世纪 70 年代初，我们中的一些人对环境灾难忧心忡忡，环境议程中的大部分内容都是根据"可替代的"世界来加以阐述，这个世界似乎难以捉摸，但却可以实现。不过，现在我们已不再使用"可替代的"这个词，因为它属于与马克思主义思想相关的那些理想主义的说法，如"激进的"或者"集体的"。含蓄地说，"可替代的"意味着"资本主义方法的替代方案"。不幸的是，正如我前面所说，20 世纪 80 年代，"可替代方案"的想法已经变得毫无可能了。或者说，正如英国撒切尔夫人（Mrs Thatcher）的生动解释："我们别无选择。"所以当"可持续性"理念出现时，我们所有人都很支持。为什么不呢？对穷国来说，"可持续发展"背后的原则是完全值得赞扬的。冷战一结束，在"发展""再生"和经济增长等越来越务实的语言中，"替代技术""替代能源系统"，或者实际上任何含有"替代"一词的任何东西这一类说法开始慢慢丧失其可信度。甚至在 1987 年著名的布伦特兰报告发表的时候，柏林墙（Berlin Wall）已经开始坍塌。到了 1989 年，似乎只有一个世界，而不是两个世界，而且每个人都在谈论"可持续发展"。一切似乎都很合情合理。事情就是这样：只要时间够长，你就不可避免地会忘记你正在与敌共眠。转眼间，我们就已经扩展了"可持续发展"的最初理念，并开始讨论"可持续产品""可持续方法"和"可持续住房"。到如今，冰层变得越来越薄，而我们穿的却是滑冰服，而不是泳装。在政治上，可持续发展的理念带来了一种观点——的确存在共同的议程或者共识。如果这只是一个幻想，至少它可以作为一种渠道，在东方和西方之间、在理想主义和实用主义之间，或者在左派和右派之间进行沟通。事实上，单单"可持续性"这一术语就开始转变为一系列变体，而其中一些变体并不支持环保。很快，我们就有了超过70种可持续性的不同定义（Holmberg and Sandbrook，1992；Pearce et al.，1989，转引自Boyko et al.，2005a）。

设计师从哪里融入其中呢？他们又取得了什么成就？冷战结束后，绝大多数设计师几乎没有什么选择，只能做行业需要设计师做的工作。他们创造了新的时尚，继续设计不可回收的包装，或者设计并完善新的广告手法。有的设计师甚至人为地废弃产品，使产品"来日不长"（Fry，1999）。总之，设计师成了"问题化解高手"，保证资本的投资回报（Heskett，1984）。那些热衷环保的设计师对事情发展的方式深感惶恐。其中，大多数人放弃了与经济现状作对的想法，转而勇敢地开始尽量"绿化"市场。这一重点的转变发生在20世纪80年代中后期，给更为理想化的生态先驱们提出了巨大的问题，因为他们很快就发现，对于这个新趋势而言，即使是熟悉的概念，如"小即是美"（如Schumacher，1973），现在听起来也有点过于柔和、过于高尚或者过于非商业性了。许多敢于自称为"生态设计师"的人被不恰当地与"扁豆和凉鞋"（lentils and sandals）联系起来。"扁豆和凉鞋"是一种嘲讽，在这个充满了轻率创新和快速盈利的花花世界，很难摆脱这种嘲讽。结果好坏参半。一些产品，如洗衣机，变得远比以前更加节能，但是，"洗绿"不那么环保的产品和品牌却全面推高了整个销售量。最终的结果是灾难性的。到20世纪末，"生态设计"和"设计"之间潜在的紧张关系令许多人感到痛苦不堪。到21世纪初，理想主义真的成了"见光死"，实用主义则成为新的绿色环保，而这就是我们现在所处的情形。今天，自我欺骗盛行，而且，在广告业的推动下，"我"文化已经给世界带来了一种以消费为导向的享乐主义。尽管美国梦是对昔日热血自我的毫无生气且笨拙低劣的模仿，没有了替代的愿景也举步维艰。在写作本文的时候（2006年），道路上的车辆继续变得越来越大型，甚至越来越离奇古怪。而且，一些司机总是设法让自己相信，与更小型的汽车相比，自己的四驱车"更环保"。因为政府没有新的梦想，所以我们无法制定一个建设性的联合政策。相反，灾难的威胁和盲目的碳税就是最新的"别无选择"〔TINA，即"别无选择"（there is no alternative）〕。

浏览任意一份理性的报纸都能证明我们已经变得有多么的精神分裂。一方面，我们哀叹极地冰川和古代森林的消失，或者担心不可替代物种每小时都在灭绝；而另一方面，我们更担心股价会下跌，或者无法实现 100% 就业。我们不是在讨论自己**真真正正**想要的生活，相反，为了促进经济发展，我们在办公室待了太长时间。幸运的是，人们的思想正在从一种混乱转变为恐惧，就像在 1973 年的石油危机之后那样。我们一定要保持乐观。哪里有焦虑，哪里就有希望。政客们会找到新方法，用不那么重要的问题来转移我们的注意力，来恐吓我们，在此之前，我们必须充分利用好当前的形势。目前，即使是在上流社会的圈子里，公开谈论气候变化、物种灭绝，或者直接谈论能源战争，仍然是可接受的。也许美国梦终将逐渐消退。然而，尽管世界可能面临改变，设计师却仍然发现自己处于进退两难的境地。不知不觉之间，他们已经帮助创建了一个满是骄纵之人的社会，这些人相信自己拥有不可剥夺的权利，可以拥有任何用自己的钱购买的东西，然后再任意丢弃。

1927 年，可口可乐公司制造了第一个非回收瓶，用于远洋游轮。这是一个历史性时刻。与许多后来类似的发展一样，可口可乐非回收瓶大受欢迎，被认为是加速经济增长的一种必不可少的便捷方式。然而，此事后来的发展情况却过于复杂，令人迷惑费解、痛苦万分，以至于无法言说。无论如何，我们所有人都可以看到、感受到、察觉到事情的后果。更重要的是，设计师是如何在尽可能短的时间内大力促成这一变化的。许多设计师毫不考虑结果，根本就没有意识到这些问题，或者觉得是自己的专业使然，不怪自己。不管怎么说，因为设计师在这一灾难中所起的作用而指责他们，这似乎有些粗鲁无礼。事实上，是教育系统辜负了绝大多数设计师，它不仅没能让设计师做好准备成为道德企业家，还把生态设计看作是一种转瞬即逝的潮流，或者充其量只是一个专门的学科领域。总的来说，未能把专业知识和技能整合起来，这一直是建立生态社会的一个重要障碍。

对我而言，最乐观的解决方案是由政府资助一个全新的设计行业，在共同的环境保护议程中保持统一，我暂时把这种新的实践称为"元设计"。目前，大多数设计师都是专家，都接受过培训，以取悦、说服、纵容和安抚消费者。很少有设计师认为自己与医生或律师一样，是肩负责任的专业人士。这不仅影响了人们对设计师的看法，也因此影响了设计师对自己的看法（见 Whiteley，1993），而且，更重要的是，影响了设计师的做法。例如，这可能使他们容易受到商业压力而不是长期的社会利益的影响。换言之，这使他们容易受到狭隘的利益而不是国家利益的影响，或者说容易受到国家利益而不是全球利益的影响。令人欣慰的是，英国设计委员会的"RED"方案已经得到批准，稍微打破了现状。但是，在大多数专业机构制定实践道德规范的领域，设计行业却似乎对设计师需要什么技能来提高英国的经济竞争力更感兴趣。英国政府 2005 年发布的考克斯企业创造力报告（Cox Report on Creativity in Business）就根本没有提到道德或者可持续性，这是不可原谅的。如果设计行业把设计师看成唯利是图的人，那么，大多数设计师收人钱财替人做事也就不足为奇了。这是一个由整个社会造成的复杂恶性循环，因此设计师会感到困惑和漠然，这一点也不奇怪。如果各国政府都没有达到各自惨淡的温室气体减排目标，设计师又为什么要承担起重任，比所谓的专家更具战略眼光、更具韬略、更具远见？教育体制和工业还没有给变革带来足够的诱因。然而，如果如传言所说，现在的产品、服务和基础设施所带来的环境影响有百分之八十是在设计阶段就已确定（Thackara，2005），那么，设计师就没有在以上问题中发挥应有的作用。在我看来，最重要的问题不是设计师需要什么样的技能，而是他们在维护整个生物圈的福祉方面具有什么深远的目标和潜力。

公正地说，许多单枪匹马的设计先锋进行了出色的尝试。在埃德温·戴茨舍夫斯基（Edwin Datschefski，2001）和阿拉斯泰尔·福阿德 - 卢克（Fuad-Luke，2005）等作家的努力下，许多具有代表性的做法现在已经广为人知。然而，不幸的是，尽管如此，这种意识尚未改变大多数设计师进行设计的方式。虽然一些设计师强烈地意识到我们应该效法自然（Benyus，1997），使产品"去物质化"（如 Diani，1992），或者使产品更简洁、更清洁、更慢速，或者以服务为中心（如 Manzini，2001）而不是以产品为中心，但这些方法几乎都没有给普通设计师带来持久的影响。与此同时，我们现在需要一种全新的思维方式，为未来提供新的设想。通过这种全新的思维方式，我们希望把美国梦变成一个过渡性微型乌托邦的网络，该网络就像生物体一样会变异和进化（Wood，2007）。这听起来不错，但同时也任务艰巨，可能需要发展一种达成共识的、非目的论的、自省的全新整体性学科。除了少数其他设计实践之外，还需要整合现有的设计实践。然而，如果没有发生重大变化，专业设计师所理解的设计概念的确不可能扩展。已有讨论提出把元设计看作设计实践的一个超集，喻指生态设计的兴起与控制（Maturana，1997）。因此，这种情况把"元设计师"放在了"系统集成者"的位置（Galloway and Rabinowitz，1984）。根据艾丽莎·贾卡迪（Elisa Giaccardi）的看法，元设计需要从规范化规划（"事情应该如何"）转变为孵化式人文规划（"事情会如何"）。在更具交互式、更以实践为中心的层面，"作为规划的设计"这一传统概念可以转化为"作为孵化过程的设计"（Ascott，1994）。由此，元设计的范围将变得比设计更广泛，因为它受到产品设计、室内设计、平面设计等专业学科的限制会更少。元设计可能还需要承认并处理可能出现在某一特定问题的范围之内、之外或者跨越内外的问题，以此超越这些学科的"问题—定义"层面。

出于所有这些原因，如果没有经过认真的反思和调整，元设计无法简单地用于我们现在的世界。幸运的是，要促成元设计文化，我们所需要的一些步骤和思路已经出现。例如，在工作场所，杰勒德·费尔特洛夫（Gerard Fairtlough，2005）主张"工人自治"的兴起，实业家里卡多·塞姆勒（Ricardo Semler，2001）也以类似的方式主张他所称的"差异化结构"。在社交领域，我们已经看到了"步行巴士"的出现，在这里，孩子们与朋友见面，呼吸新鲜空气，参加运动，并且得到安全的陪同，步行上学，而不是坐车上学。"快闪族"（flash mobs）一气呵成的古怪滑稽动作也许已经令我们感到愉悦，"聪明暴民"（Rheingold，2003）和"生物团队"（bioteams，Thompson，2005）所表现出的智慧也让我们深思。我们还往吉米·威尔士（Jimmy Wales）的"维基百科"网页上传知识。这些方法中的一些经过发展，已经超出了计算机行业的领域，例如"自由软件基金会"(Free Software Foundation)、"知识共享"(Creative Commons)和"相同方式共享"(ShareAlike)等运动。它们都涉及现在所说的"礼物经济"（Barbrook，1998），或者"共享经济"，都赞成集体无偿行为所带来的好处。到目前为止，我们的经济体系几乎完全是在以债务为基础的货币体系之上运行。即使是迈克尔·林顿（Michael Linton）于1982年创立的务实的货币体系，也就是在地交换交易系统（Local Exchange Trading Scheme），本质上也是以债务为基础的。因此，这些系统都不鼓励自然形成的创新精神、无法解释的乐观主义或者"爱"——"爱"已经是非常不流行的词了。所以，在过去十年左右的时间里，看到诸如"魅力炸弹"（glamourbombs）、"随意善举"（random acts of kindness）或者"爱心传递"团队（pay it forward，Ryan Hyde，2000）这样的新方法时，非常令人鼓舞。而为了追求更大的"集体智慧"，其他工作也正在进行中（Surowiecki，2004）。上述所有的理念可能都是未来有责任心的设计师所必备的想法。在某些方面，创造力的不断增强，很有可能把公民从作为被动消费者的枯燥生活中解放出来。不过，要做到这一点需要转变观念，要把创造力看作适应与整合的多重行为，能够协调内在现实与其周围环境，而不是强调自我表现，或者表达大量极具创意的想法、提供大量极具创意的产品。

设计师之所以如此重要，原因之一在于他们能够想象出新的可能性，能够"创造性地"思考。因此，在我们建立如何使自己适应自然的新愿景时，设计师可以发挥独特而关键的作用。在某种程度上，这是因为我们对创新所持的自负态度一直以来都是我们现在所处混乱状态的罪魁祸首。有人声称，在 2005 年的一次演讲中，建筑师弗兰克·盖里（Frank Gehry）说道，"我不考虑环境"。公平地说，这可能更像是一种幽默的自负，而不是一种严肃的陈述，但这听起来很危险，就像宣称自己拥有"创意执照"一样，可以避免社会责任、政治责任或者生态责任。在过去几百年的前卫艺术运动史上，这种趋势屡见不鲜。许多人往往强调创意的道德逾越性，而不是其适应性。在许多情况下，这表明了一个内在的超越道德范畴的倾向。然而，从根本上说，这在环境层面比在社会层面和政治层面具有更大的影响。这就是一把双刃剑。设计师"富有创造力"，所以不可或缺。他们可以创造一个生态社会，也可以增加利润，在某些情况下还可以二者兼顾。但这种期望可能带有误导性。就在新千年伊始，创造性在经济和政治领域流行起来，部分原因在于它被看作了经济增长最新最酷的催化剂。诸如理查德·佛罗里达（Richard Florida）的《创意阶层》（*The Creative Class*，2002），或者约翰·霍金斯（John Howkins）的《创意经济》（*The Creative Economy*，2002）等书籍反映了人们对于竞争型"自由放任"经济的有效性所持有的坚定信念。经济增长与创新精神之间再次兴起的这种密切联系令人担忧，因为这是更深层次的假设的一部分，该假设认为，不断增长的国内生产总值会带来幸福与快乐。正是这种信念帮助延续了（旧）美国梦的力量。然而，经济增长率与新油田的发现率非常接近（Douthwaite，2003）。不幸的是，现在，廉价燃料实际上已经成为过去，这一点确凿无疑。我们引以为豪的"创造力"在传统上也被认为只是几千年来出现的一种独特的西方思维习惯。我们可以通过各种思想的发展轨迹来了解这一点：从竞争激烈的希腊精神到苏格拉底的个人主义、柏拉图的理想主义、奥古斯丁的主观性、中世纪的人文主义，再到启蒙运动对"客观"理性真实所持有的信心。今天，在对"创造性"一词的认识中，最重要的特点是浪漫主义运动的思维方式，这种思维方式有点戏剧性，也有点自信和自恋。在为我们当前的困境寻求一个切实可行的环境解决方案时，"生态创造性"的目的是要培养我们适应环境的能力。这种能力其实早就与生俱来，它演变自进化需求，要预见未知情况，要以被证明有利的方式阐释某一特定情况的方方面面。因此，"生态创造性"不同于一般的创造性概念，后者仅仅指的是能够提出具有独特性和创新性的想法、主张或人工制品的能力。

把创造性看作自我表现的形式，这种想法本身并没有太大的害处，除非它脱离了整体性共识。该想法源于拓展"客观"理性的范围这样的尝试，是个奇特的想法，反映了强烈的人本主义内省思维方式，是对科学理性法则的补充。当我们听到前卫音乐，或者听到对专业时装模特的"生活方式"所进行的访谈时，就可能会想到创造性是自我表现的形式这一点。从哲学上讲，早在浪漫主义时代之前，也就是大约在约翰·洛克（John Locke）宣称"人心赋予人类理解以观念"的时候（1689），创造性就已经深入人心了。在接下来的几百年里，这种趋势变得更加明显：康德（Kant）的"敢于求知"（dare to know，1784）呼吁独立精神，备受关注，并启发了苹果公司麦金塔电脑（Macintosh）"非同凡想"的广告语。在此期间，出现了一种前所未有的看法：个人可以首创自己的观念，而不是从上帝或者"自然"中去推导出自己的观念。这种看法变得越来越明显、越来越坚定。自从末日时代以来，我们已经越来越擅长重塑农业、科学、医药、运输、远距离通信和"存世"经验。19世纪，尼采（Nietzsche）认为意志足够坚定并具有足够创造性的个体通过其"权力意志"（will to power）可以超越凡人的境界，成为超人（德语词：*Übermensch*）。当我们想到像拜伦（Byron）、梵高（Van Gogh）或者达利（Dali）这类魅力十足的人物时，就可以体会到这种看法。我们依然沉迷于这样的想法：一位饱受煎熬的狂热天才创造了前所未有的、非凡而独特的人工制品或理念。对艺术巨星的这种夸张描绘是一种非常有用的符号，代表了极强的创造性。在过去，这种创造性往往会赞成公开辩论、唯我独尊以及对自由的情感诉求。一则流行甚广的关于老年时期贝多芬（Beethoven）的轶事就说明了这一点。当时的贝多芬听力开始减退，行为也开始变得疯狂，备受折磨，是一位脾气暴躁的作曲家。在他创作出最好的作品之时，他已经听不到自己音乐所发出的实际的声音。同样，他对批评者的观点也充耳不闻。关于创意天才的这类老套故事家喻户晓，20世纪的巴勃罗·毕加索（Pablo Picasso）也是其典型代表。他强调个人需求的重要性，而不是外部事务的重要性，并以此使得偏好、强烈渴望和自我表现之间的界限模糊不清。我们可以用"傲慢"一词来总结这一点。如今，自我放纵的形象和创造性通常被用来销售产品或者服务，如苹果公司的麦金塔电脑。个人的创造力甚至成为人们迷恋崇拜的对象。1999年，雪铁龙汽车（Citroen）公司买下了毕加索的署名权，用来提升一款名为"毕加索"的多用途车辆的品牌价值。除了名为"毕加索"之外，该车型相当普通。然而，与这些情况同时发生的变化也加速了森林砍伐、物种枯竭、空气和水道污染，以及自然资源的枯竭。这一切已经使得人类灭绝的威胁有可能发生在不久的将来，而不是遥远的将来。如今，创造力正逐渐成为经理、企业家和公务员的必备技能，但这并不意味着公司经理的想法会变得更古怪，或者说他们会尽力打破所有的规则。不过，谁又说得清楚呢？官僚体制的运作靠的是把囿于认识论而不是囿于环境的内涵和习惯强加于人，这很容易导致个人信仰与职业行为之间的疏离。野生动物如果试图靠这样的规则生存，很快就会死去。因此，引入一种更具创造性的文化可能更有助于质疑目的，而不是更有助于改变过程。禅宗减少了我们的内在价值与我们赖以生存的动态生物界之间的脱节，以此提醒我们意识到自己存在于**此时此地**，这代表着一种"设计萨满主义"。

有一个故事讲述了称职的主人应该如何估算为客人准备的食物的数量。如果估算得当，客人们接受邀请，尽情品尝食物，当大家都尽兴之时，食物也颗粒不剩。实际上，此时客人不会感觉吃了最大量的食物，而是会感觉恰到好处，因为他们都能感受到不浪费食物的满足感。事实上，如果主人足够聪慧，能够预测整个活动，那么每位参与者可能会有更大的参与感。这种创造性的模式与我们以前提到的例子形成了一种有趣的对比，这种模式更具利他主义，更符合道德规范。在图5.1中，我们可以假设"生态创造力"处于该图的右上角，而我们公认的"创意"原型则处于左下角。由于我们的道德体系往往更关注"存在"或者"做"的规则，而不是更为全面的结构关系体系的建立，因此需要在创意实践中建立一个更为复杂的关系图。在这个关系图中，这位禅宗型主人所具有的"生态创造性"至关重要。在"粗略估计"客人会食用多少米饭时，"有创造性的"厨师要做的就是协调几个不同领域的因素。这不是对固定数量的线性估算，因为有些因素是预估的。因此，这些因素相互依赖，需要更具引入性而不是推论性的解释性见解。

查尔斯·皮尔士（Charles Peirce）的"溯因推理"（abductive reasoning）观念是解释这种创意思维模式的方法之一。溯因推理经常出现在典型的夏洛克·福尔摩斯（Sherlock Holmes）的故事中。另一个例子是"逆向工程"（reverse engineering）中发现的认知过程。查尔斯·皮尔士杜撰了"溯因"一词来解释不确定世界中实际行动的逻辑。溯因是一种按照预期引入内容的模式。在该模式中，为了解释不同寻常的事件，思考者从问题之外逆推出可能的解释性方案。在数学上，这个过程类似于因数分解：两个未知数相乘得到一个积。溯因推理相当于要确定哪些数字可能产生这样的结果。溯因这一概念的使用源自 C. S. 皮尔士，他说道："观察到一个令人惊讶的事实 C。如果 A 为真，那么 C 就是理所当然的。"因此，有理由推测 A 为真（Wood and Taylor，1997）。格雷戈里·贝特森（Gregory Bateson，1973）认为，"溯因推理"在自然秩序中很常见。他认为，没有这种创造性思维，生态系统就不会有进化和适应。我们怎样才能把丰富性和趣味性带回到创意思维的这种缺乏洞察力的方法中去呢？方式之一就是把溯因看作"立体声"系统，而不是"单声道"系统——也就是说，同时进行多个溯因推理。我所说的"平行溯因推理"也是从一个令人惊讶的事实（例如"C"）开始，但会假设一种非常复杂的情况，这种情况可能会被看作一组相互关联的条件（即 A，B，C，…，n）。或者，我们可以把答案想象成与真实事件相似的四维电影，而不是二维电影。在这方面，与政治家和公务员相比，富有想象力的设计师更能做出新的贡献。目前，政治家的观点仍然建立在经济学的陈旧理念之上，而旧的经济体系往往把自然看成是理所当然的存在。

因为我们无法预料气候变化以及生物多样性崩溃的时刻表，所以需要在国家和国际的层面尽快进行改变（Douthwaite，2003）。如果从我们熟悉的经济角度来看待这个问题，似乎前景黯淡，甚至不可能。幸运的是，新的构想和可能性即将来临，有些构想和可能性显而易见、众所周知，而另一些构想和可能性则模糊微妙，需要我们改变预期，以便理解这些构想和可能性，并使之发挥作用。第一个构想对经济财富的神话提出了挑战。自20 世纪 70 年代中期以来我们就已经知道，发达国家的人并不比贫穷国家的人更快乐（如Easterlin，1974）。我们也知道，经济增长不会增加幸福感（Oswald，1997）。但是，也许是因为金钱的力量出奇地强大，并以数字和机械性单位为形式而独立存在，人们花了很长时间才懂得这些看法。由于这个原因，金钱不太符合生物体的特征。因此，我们仍然坚持亚里士多德（Aristotle）强调的"劳动分工"，而不是坚持不那么符合达尔文主义的新愿景。这些新愿景把生态系统看作一个更具共生性的整体（Margulis，1998； Lovelock，1995；Lovelock，2006）。同样，福特主义（Fordism）传统使得人们眼中"规模经济"的重要性长久不衰，而不是"规模生态"的重要性长久不衰（Wood，2005）。在21世纪，我们无法保持这种心态。我们所说的"规模经济"是什么？这个术语运用广泛，值得探讨。"规模经济"假定某种资源的数量与其带来的利益之间存在着一种合理的线性关系，是"收益递减规律"的补充。两者在本质上都是机械论模式。正如19世纪的经济学家阿尔弗雷德·马歇尔（Alfred Marshall）所说，"你挖的煤越多，你就越不得不开采不那么优质的资源"。在这个模式中，你的努力所得到的回报减少了，因为你得与类似的其他矿竞争，而且，价格最终一定会上涨以支付生产的额外成本。在某种意义上，旧美国梦就是建立在这种看法之上的。该看法集中体现了"绝对丰度"（absolute abundance）这一信念，即一旦你"开发了"某一资源，比方说油井或者雨林，你必须预期到该资源在其绝对价值或者绝对丰度方面的必然减少。

认为经济比生态系统更重要的想法很糟糕，对我们大家都有害。随之而来的另一种想法认为，我们可以从"规模经济"或者"收益递减规律"（Law of Diminishing Returns）的角度来理解自然，而这种想法现在正是一种危险而过时的经济方法的一部分。20世纪60年代，混沌理论（Chaos Theory）带来了理解自然运行方式的新方法。它带来了关于丰度的新理论，包括"收益递增规律"（Law of Increasing Returns， Romer，1986；Arthur，1996）。撇开其他不谈，这些理论对创造性思考者来说是一个巨大的挑战，也许会让我们联想到埃尔温·薛定谔（Erwin Schrödinger，1943）的"熵减少"概念（即"负熵"），或者联想到伊利亚·普里高津（Ilya Prigogine）的最小熵产生定理（1945）。在这些现象中，系统将其一部分熵耗散到周围的某个区域或者多个区域。迄今为止，这些想法往往被认为是"违背自然法则"的，等同于童话故事或者疯狂发明家的永动机。我们现在知道的是，自然界远比我们以前认为的更加混乱，更具利他性，也因此更加富饶多产。丰度是世界固有的，但可能不是以我们熟悉的形式存在，也可能不是以我们熟悉的方式获得。许多项目之所以失败，是因为在一个庞大而复杂的整体中存在微小的错误或不匹配。通常情况下，有关各方都清楚，一项特别的重大计划会给所有相关各方带来好处，然而，仍然没有人愿意首先发起确保成功的连锁反应。很多敌托邦的情况都是"恶性循环"，因为它们的配置方式使得它们不断加强并一直保持着自己的负面特征。贫困陷阱就是一个简单的例子。对于元设计师而言，他们所面临的全新挑战之一是如何将"恶性循环"转变为"良性循环"。这种思维方式对传统设计师来说极富挑战性，因为它涉及高度跨学科的团队合作和极富想象力的机会主义方法。

我们正在开发的系统的一部分，其灵感来自理查德·巴克敏斯特·富勒的"恒定的相对丰度"理念（Constant Relative Abundance，Fuller，1969）。这一理念颇具争议，很大程度上是因为其含义模糊不清。富勒坚持认为，世界上最小的数是2，而不是1。这通常被认为指的是欧拉定律（Euler's Law），我们不久就会谈到。富勒认为，世界由许多旋转的实体组成，因此，在任何转动的过程中，都必须有两极。直观地说，一个孤立的实体无法存在，除非实体中的一半能与另一半相关联。勒内·笛卡尔（René Descartes）的"我思故我在"这一认识也说明了这一点，并恰到好处地表达了如果未经思考，事物就毫无意义这一观点。乔治·伯克莱主教（George Berkeley，1685—1753）以一种不那么唯我论的方式对此进行了说明，他说，"存在就是被感知"。所有这些见解都证明了人们熟悉的"双赢"理念，这种两极局面在商业和政治领域中很常用。"双赢"会引起竞争的局面，而竞争意味着损失，因此，"双赢"在政治上容易出问题。虽然如此，"双赢"局面却很容易实现，因为"双赢"吉星高照（也就是说，它既为人们所熟悉，又很具吸引力）。亚当·斯密认为，自助会给集体带来利益，这一理论就意味着"双赢"局面。相比之下，核心的可持续性论证展示的却是"输—赢"的局面，所以是一个没有多少吸引力的选择。"可持续发展"诉求之所以到目前为止并不成功，这就是原因之一。但是，我们不应该仅仅采用一个基本的"双赢"方案，而应该加倍投入，从情况的四个互利方面入手，而不是两个方面。这一局面很适合用四面体来表现，因为四面体能清楚地展示如何只把组成部分的数量增加一倍就可以获得六倍的收益（见图5.2）。"四赢"将小的优势以协同增效的方式集中整合起来，使其变得足够明显，进而能吸引更多的认同和关注。如果我们将节点视为"玩家"，将棱视为玩家之间的"关系"，那么四个玩家之间的同伴关系则比

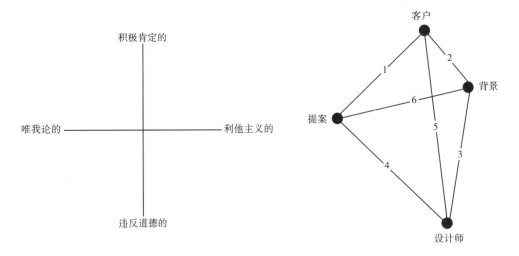

图 5.1

绘制创造性的不同因素

图 5.2

设计中的伦理关系图

两个玩家之间的同伴关系多六倍（见图 5.2）。因此，只要把"玩家"的数量从两个增加到四个，那么，我们可以利用的相互关系的数量就会增加六倍。简而言之，四面体之所以特殊，是因为它具有易于理解的非分层拓扑结构，为四个玩家都提供了可能的共生效益。

1975 年，巴克敏斯特·富勒就开始提倡四面体的独特性能，这些性能在 1752 年的欧拉定律中就已见端倪。欧拉定律认为，任何多面体的顶点数加上面数总是等于棱数加 2（即 $V + F = E + 2$，见 Stander，1986）。这个"2"就是富勒所说的"恒定的相对丰度"。不论多边形有多复杂，超出部分总是相同的，所以，采用较小边数的多边形具有相对优势。就四面体而言，其简单性（例如，方便记忆）和相关丰富性（即棱与顶点的高比率）之间达到了一种良好的平衡。对于未接受过训练的用户而言，这是一个"四赢"的局面。这种情况会一直保持下去，直到我们设计出一个创意模式来协调同一实体之内的诸多组成成分。英国心理学家迈克尔·柯顿（Michael Kirton）认为，使人们两极化为"适应者"和"创新者"这样的做法非常有用（Kirton，1980）。根据他的理论，适应者设法使用更有序的现有权限来"更好"地完成事务，而在同样的领域，创新者则挑战问题的定义，创造新的定义，并且在混乱中蓬勃发展。在大多数集体性探索中，这两种能力都必不可少。然而，很难让这些对立的人物密切合作，因为他们往往会被对方的习惯和观点所激怒。例如（见图 5.2），我们可以在一个单一的关系结构中把以下玩家组合起来。

这样做是为了使不同类型的创新者以最小的冲突展开合作：

· 设计师 / 创始人 / 创意者 / 发起人

· 客户 / 用户 / 接受者 / 问题持有者

· 提案 / 设计 / 构思 / 解决方案

· 背景 / 世界 / 背景系统 / 所有非手头任务

如今，经济系统的力量使许多人不知所措，以至于不太相信微小的局部变化也会带来足够大的影响。我们想要改变的正是这一点。20 世纪初，对于等待了 30 年的人来说，任何积极变化的迹象都是一个巨大的解脱。人们乐观在即，甚至有一家名为"新美国梦"（New American Dream）的网站在探讨较少浪费的生活方式所带来的好处和乐趣。但是我们应该如何推广这一理念呢？政客们仍然抱着否定的态度，把这个问题仅仅看作是为了增加税收和限制消费者的权益。在这种时候，我们需要积极的解决办法。幸运的是，虽然解决办法可能令人吃惊，但就在我们眼皮底下，并不难找到。一些研究人员已经试图把整个生产消费周期看作是一系列的机会，使各个阶段之间的联系更加密切，从而使商业更接近自然（Hawken et al.，2000）。

最终，资源的使用要变成一个"零废物"系统（Murray，2002），该系统的设计要从"从摇篮到摇篮"的理念（McDonough and Braungart，1991）。这些创新所代表的观念中心已超越目前可行的或大家所接受的任何已知设计实践的范围。如果用现有的价值体系来解释这一理念，我们可能无法理解它的全部潜力。在一个高度企业化和以消费者为导向的愿景中，这可能意味着顾客会更频繁地在更多的方面为自己生活中的获益买单。简言之，这意味着设计一个分散但全面的体系，因为一个不那么集中

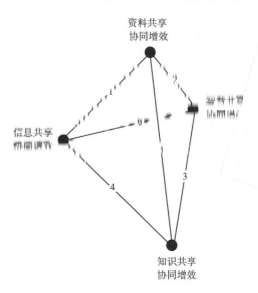

图 5.3

使用协同增效的 4 点结构来绘制"协同增效中的协同增效"

的体系会提供更多的机会来提高社会、政治、文化和工业领域内部以及相互之间的协同增效水平（见图5.3）。该体系还能促进一系列令人惊奇的新的好处，包括有形的和无形的好处。在更具合弄制特征的社区（a more holarchic community）中，人们可以共享这些好处，生产与消费、创业与利他主义变得越来越相互依存。这可能意味着要说服生产商接受这样的回报：更多地重视生活品质的提高，更少地重视收入。

参考文献

Adams, J. T. (1931) *The Epic of America*, Greenwood Press, Boston, MA

Arthur, B. (1996) 'Increasing returns and the new world of business', *Harvard Business Review*, July/August, p100

Ascott, R. (1994) 'The architecture of cyberception', *Leonardo Electronic Almanac*, vol 2, no 8, cited in Giaccardi, E. (2005) 'Metadesign as an emergent design culture' *Leonardo Electronic Almanac*, vol 38, no 4, pp342-349

Barbrook, R. (1998) 'The hi-tech gift economy', *First Monday*

Bateson, G. (1973) *Steps to an Ecology of Mind*, Paladin Books, Frogmore

Benyus, J. (1997) *Innovation Inspired by Nature: Biomimicry*, William Morrow & Co, New York

Boyko, C. T., Cooper, R. and Davey, C. L. (2005a) 'Sustainability and the urban design process', *Engineering Sustainability*, vol 158, pp119-125

Boyko, C. T, Cooper, R., Davey, C. L. and Wootton, A. B. (2005) 'VivaCity2020: How sustainability and the urban design decision-making process fit together', Life in the Urban Landscape Conference, Gothenburg, Sweden, June

Brandenburger, A. and Nalebuff, B. (1996) *Co-opetition*, Doubleday Books, New York

Bruntland, G. (1987) *Our Common Future*, Report of the World Commission on Environment and Development

Csikszentmihalyi, M. (1996) *Creativity: Flow and the Psychology of Discovery and Invention*, HarperCollins Publishers, New York

Datschefski, E. (2001) *The Total Beauty of Sustainable Products*, RotoVision, Hove

Diani, M. (ed) (1992) *The Immaterial Society: Design, Culture, and Technology in the Post-modern World*, Prentice Hall, New Jersey

Douthwaite, R. (2003) (ed) *Before The Wells Run Dry: Ireland's Transition To Renewable Energy*, Lilliput Press, Dublin

Easterlin, R. (1974) 'Does economic growth improve the human lot? Some empirical evidence', in P. A. David and M. W. Reder (eds) *Nations and Households in Economic Growth: Essays in Honour of Moses Abramowitz*, Academic Press, New York and London

Fairtlough, G. (2005) *The Three Ways of Getting Things Done: Hierarchy, Heterarchy an Responsible Autonomy in Organizations*, Triarchy Press, Bridport

Florida, R. (2002) *The Rise of the Creative Class: And How it's Transforming Work, Leisure, Community and Everyday Life*, Basic Books, New York

Forty, A. (1986) *Objects of Desire: Design and Society, 1750-1980*, Thames & Hudson, London

Fry, T. (1999) *A New Design Philosophy: An Introduction to De-futuring*, University of New South Wales Press, Sydney

Fuad-Luke, A. (2002). *Eco design: The Sourcebook*, Chronicle Books, San Francisco, CA

Fuller, R. B. (1969) *Operating Manual for Spaceship Earth*, Southern Illinois University Press, Carbondale, Illinois

Galloway, K and Rabinowitz, S. (online manifesto)

Gates, B. and Collins, H. (1999) *Business @ the Speed of Thought: Succeeding in the Digital Economy*, Warner Books, New York

Hagel, J. and Armstrong, A. (1997) *Net Gain: Expanding Markets through Virtual Communities*, Harvard Business School Press, Boston

Hawken, P., Lovins, A., and Lovins, L. H. (1999), *Natural Capitalism: Creating the Next Industrial Revolution*, Rocky Mountain Institute, Snowmass, CO

Heskett, J. (1984) *Industrial Design*, Thames & Hudson, New York

Kant, I. (〔1784〕 1996) *Practical Philosophy*, translated and edited by M. J. Gregor, Cambridge University Press, Cambridge

Kirton, M. (1980) 'Adaptors and innovators in organizations', *Human Relations*, vol 33, no 4, pp213-224

Locke, J. C. (〔1689〕 1998) *An Essay Concerning Human Understanding by John Locke and Roger Woolhouse*, Penguin, Harmondsworth

Lovelock, J. (1995) *Ages of Gaia*, Oxford University Press, Oxford

Lovelock, J. (2006) *The Revenge of Gaia: Why the Earth Is Fighting Back-and How We Can Still Save Humanity*, Allen Lane, Santa Barbara, California

McDonough, W. and Braungart, M. (2002) *Cradle to Cradle: Remaking the Way We Make Things*, North Point Press, New York

Manzini, E. (2001) 'From products to services. Leapfrog: Short-term strategies for sustainability', in P. Allen and D. Gee (eds) *Metaphors for Change: Partnerships, Tools and Civic Action for Sustainability*, Greenleaf Publishing, Sheffield

Margulis, L. (1998) *Symbiotic Planet: A New Look at Evolution*, Orion Publishing Group, London

Maturana, H. R. (1997) 'Metadesign'

Moore, J. (1997) *The Death of Competition*, Harper Collins, London

Murray R. (2002) *Zero Waste*, Greenpeace Environmental Trust, London

Oswald, A. (1997) 'Happiness and economic performance', *Economic Journal*, vol 107, pp1815-1831

Ponting, C. (1991) *A Green History of the World*, Penguin Books, New York

Rheingold, H. (2003) *Smart Mobs: The Next Social Revolution*, Perseus Publishing, Cambridge, MA

Romer, P. (1986) 'Increasing returns and long run growth', *Journal of Political Economy*, vol 94, pp1002-1037

Ryan Hyde, C. (2000) *Pay It Forward*, Simon & Schuster, New York

Schumacher, E. F. (1973) *Small is Beautiful: A Study of Economics as if People Mattered*, Abacus Penguin Books, London

Semler, R. (2001) *Maverick*, Arrow Books, New York

Smith, A. (〔1776〕 1999) *An Inquiry into the Nature and Causes of the Wealth of Nations*, Penguin, Harmondsworth

Surowiecki, J. (2004) *The Wisdom of Crowds: Why the Many are Smarter than the Few and How Collective Wisdom Shapes Business, Economies, Societies, and Nations*, Doubleday, New York

Thackara, J. (2005) *In the Bubble: Designing in a Complex World*, MIT Press, Cambridge, MA

Thompson, K. (2003) 'Bioteaming: A manifesto for networked business teams', Blog: www.bioteas.com

Whiteley, N. (1993) *Design for Society*, Reaktion Books, London

Wood, J. (2005) '(How) can designers learn to enhance synergy within complex systems?' paper presented at the 'DESIGNsystemEVOLUTION' conference in Bremen, Germany, March

Wood, J. (2007) *Designing for Micro-utopias: Thinking Beyond the Possible*, Gower, in press

Wood, J. and Taylor, P. in collaboration with Taylor, P. (1997), 'Mapping the mapper', in D. Day and D. Kovacs (eds) *Computers, Communications, and Mental Models*, Taylor & Francis, London, pp37-44 tainable design can be achieved

e 'collaborate method', because

world is so complex and uncertain.

VERY BAD

BAD

PRETT

NOT SO GOO

OK

GOOD

ate a space ~~to~~

people can meet people and shaar

knowledge and ideas.

Dad's shed

~~stuff~~

VIA DAD → turns into a shed

repairing Stuff

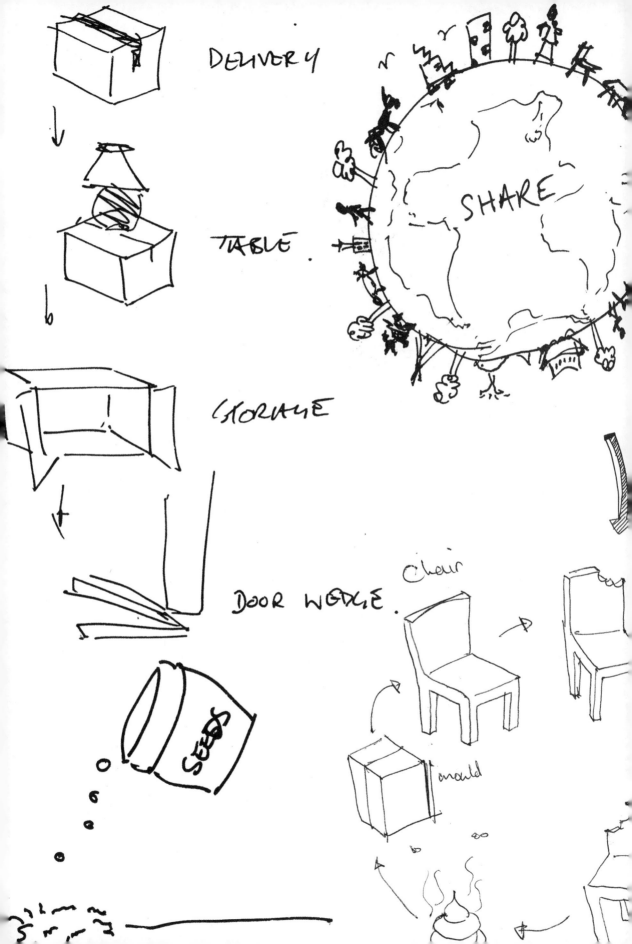

DELIVERY

TABLE

SHARE

STORAGE

DOOR WEDGE

Chair

mould

SEEDS

6 具有关联性的服装

凯特·福莱特

时装正在自我毁灭。它与现实严重脱节，不管在大街上，还是在时装表演台上，时装几乎没有反映我们这个时代的许多关键问题，如气候变化、消费和贫困等。相反，时装产品加剧了不公平现象，剥削工人，加大资源消耗，增加环境影响，产生废物。不仅如此，时装行业还会给包括从设计师、生产商到消费者在内的所有时装业相关人士带来越来越多的情感、生理和心理压力。对更快、更便宜的消费的需求，对新鲜感的不断需求，以及身份的不断更新等压力既损害了我们个体，也损害了社会群体。我们感到孤独、不满、抑郁、食欲不振，跟以前相比，我们更愤世嫉俗了。

时装也正在自我转型。小企业正在制作可共享的衣物，这些衣物适合社会激进主义和审美创新的非传统模式；大公司也在宣布碳中和计划，并引入获得公平贸易认证（Fairtrade）的棉花和再生聚酯纤维生产线；[1] 个人也在改变整个系统，他们制作 DIY 手册来帮助我们"重组"我们的服装，这样一来，就可以通过裁剪、缝纫和制作等微政治行为来瓦解主流时装。

我们生活在变革的时代。是否要把这一变革引导到可持续性，并要求一种转化型而非消费型的新时尚，这取决于我们。可持续性的挑战正在慢慢地改变消费者、设计师和行业领袖的意识。越来越多的人意识到我们不能像以前那样继续下去：一如既往的时装已经不可能了。然而，如果仅仅局限于问题的表象而不去深究其根源，这种意识的转变则非常肤浅。本章提出了一种打破过去的新型时装观，触及了时装"问题"的核心——我们消费成瘾——还设想出了解决方案，要用质量取代数量。这意味着从全球到本土的转换，从消费到制造的转换，从幻觉到想象的转换，从消耗自然资源到珍视自然世界的转换。这个想法关乎大事小情，所采取的每一小步都蕴含着智慧的火花，会进一步完善对于全新做事方式的思考和实践，从而展示了当前模式的替代方案。而我们的希望在于，每一个小行动都能不断增长，进而支持大变革。

时装产业

服装的生产、销售、穿着和丢弃处置这一产业问题很大。目前的证据表明，纺织服装行业是最具环境破坏性的行业之一，与化工行业不相上下。它消耗了大量的资源（特别是水、能源和有毒化学制品），不注重保护工人，以诱导消费且快速变化的趋势和低廉的价格为主导，促使消费者购买比自身所需更多的东西。最新的数据表明，在英国，每人每年要消耗超过35千克的纺织品和服装，其中，大部分（74%）进了垃圾填埋场，只有13%的纺织品和服装以某种方式得到重新利用或者回收利用。[2]在普利马克（Primark）、沃尔玛（Walmart）和特易购（Tesco）这样的零售商那里，人们发现时装产量越来越高，而价格却不断下降，这一总体趋势意味着跟以前任何时候相比，我们消耗的时装更多。近年来，在服装上的花费增加了，而同时价格却下降了。因此，四年来，英国每人购买的服装数量已经增加了超过三分之一。[3]

消费增长的一部分与速度增长有关，而速度增长只能来自对人的剥削和对自然资源的开采。最近一份发给"对抗贫穷"（War on Want）这一国际发展慈善组织的报告显示，尽管英国一些知名的高街品牌公司承诺保护基本人权，它们却在出售由孟加拉国工人生产的服装，而这些工人每小时的收入仅有五便士。[4]速度也与时装季有关。现在的时装季不再只是一年两季，而是在两季里分别包括三个迷你系列，提供了新的消费机会。高街连锁店已经完善了即时生产系统，现在每个服装系列的周期只需要三周时间。不仅如此，不断提升消费的时装潮流还一再混淆可持续性问题并引发误解。例如，20世纪90年代早期，"再生时尚"（eco chic）趋势主要体现为具有自然外观的颜色和纤维，并没有反映现实世界的进展。再生时尚与其说是向可持续性价值观的转变，不如说是针对在化学品和工业污染方面过于简单的看法所产生的一种程式化反应。时装表面上所具有的美丽、语言和形象忽略了真正的争论所在，对于充斥时装界的更深层次的"丑"也仅仅是蜻蜓点水，并未深究，其典型的消费模式加强了该行业当前的权力结构，给时装的统治阶级带来大量的财富。漫不经心的被动消费者在没有丝毫个性化的预制商品中进行选择，他们极力推崇"在城市生活神殿之中的时装表演台圣坛之上所进行的精英神话的生产"[5]，他们也认可时装界对服装设计和制作实践方面的知识和信心故弄玄虚，紧紧掌控，并使其变得"专业化"。

然而，我们不能放弃时装，因为它是我们文化的核心。对于我们的关系、审美欲望和身份来说，时装都很重要。它能赋权个人和团体，能调解沟通，也能激发创造力。当时装设计师在米兰的时装秀上展示新系列的时装时，展现出的是动态的时装。同样，当十几岁的青少年把牛仔裤剪短的时候，给旧运动衫加上徽章的时候，在匡威运动鞋上描画的时候，展现出的依然是时装。时装是我们文化中神奇的一部分，颂扬个人与时空的完美协调。我们不能放弃时装，因为它是人性的一部分。相反，我们所需要做的是让时装与可持续性携手同行。

时装与可持续性的结合让我们认识到时装和服装的区别：二者是不同的概念和实体。服装是物质产品，而时装是象征性产品。虽然二者的使用和外观有时是一致的，但却以不同的方式与我们相关联。时装将我们与时间和空间联系在一起，解决的是我们的情感需求，证明我们是社会人，是与众不同的个体。相反，服装关注的主要是我们的身体需求，是遮盖、保护和装扮身体。并不是所有服装都是时装，也不是所有的时装都能以服装的形式得以体现。然而，当时装界和服装业（以时装形式）结合在一起时，服装就明白无误地表现了我们的情感需求。随着我们的目光转向不同的服装轮廓、衣裙长度和色彩，这种对实物商品的情感需求叠加起来，刺激了资源消耗，产生了废物，促进了短期思维的形成。但是，不管我们消费多少物质商品，也无法满足我们的心理需求，因而，我们无法感到心满意足，总是觉得没有信心。要改变这一点，我们需要认识到这些差异，需要更灵活、更智能地进行设计。我们必须把时装当作美丽的蝴蝶来颂扬，而同时又要使其脱离疯狂的物质消费。我们生产的服装必须植根于价值观、技能和精心制作的纤维，必须具有责任感、可持续性和美感。

对许多人来说，"可持续"时装指的是实用的功能性服装。这意味着尽量少买衣服，而且，尽量购买二手服装、有公平贸易认证的服装，或者有机服装。虽然这有助于降低消费的速度和数量，但最终却是对未来的负面展望——这是利用过去的思维来应对未来的情况。对于可持续时装的新构想不仅仅指的是最小的消费欲望，而是某种更吸引人的事物。该事物之所以更吸引人，不是因为我们轻率，也不是因为我们沉迷于时装，而是因为时装对人类文化而言所具有的重要意义。新构想会把我们与服装、服装的设计理念、材料和制作等重新联系起来。这种构想将远离渴求关注、具有破坏性的关系（这种关系正是许多人现在所体验到的典型关系），转而走向一种更健康、更令人放松的关系。这一观点强调时装的文化重要性，并支持选择权、明显易懂和自力更生。它将促使基于数量的表达方式和衡量标准转变为基于质量的表达方式和衡量标准——最终，这将是一个更具积极性、前瞻性和创造性的领域。

自然的启发

要实现这种更健康、更宜人、更诚实的时装未来愿景，需要设计工具：坚韧而可靠的观念和模式。在这方面，我们针对自然进行的研究提出了一些非常有用的建议。在自然中，我们能观察到诸如效率、合作和共生之类的原则，通过围绕这些原则进行设计，社会有望达到可持续的目的，就像生态系统一样。在自然系统中，物种之间的相互依存和相互联系占主导地位，而我们要做的，就是在人类系统与我们当前的文化中寻找这些相同的特点。我们可以仔细解读自然中可供借鉴的典范，形成闭环系统，自然而然地回收利用几乎所有的材料，并且专注于材料的有效利用。我们也可以通过更具象征性的方式解读自然，努力使我们的设计更灵活、更轻松、更奇妙，或者说，使我们的设计体现出平衡、社会价值观或者参与性，以及趣味性。

要围绕自然法则和动态进行服装设计，就需要多样性。对于此，并没有一个放之四海而皆准的解决方案，相反，我们有的是多个设计方案来应对不同的规模、水平、时间进度和不同的人。在自然界中，多样性意味着强大而极具适应力的生态系统，能够承受冲击或危机时期。就时装而言，多样性意味着丰富的产品、大量的生产者、不同的纤维和当地的工作机会。目前，时装行业庞大单调，以大量相似的服装和主题趋势为主导。虽然我们可能认为自己拥有大量的选择，但世界上大多数人却只是畅游在标准成品的相似性之中。缺乏差异性会带来厌倦感，并进而导致消费行为的产生。多样性指的是不要孤注一掷地把所有的鸡蛋都放在一个篮子里，而是要用各种各样的纤维来设计，要避免农业（和制造业）的单一性，要分散风险、分散生产，要支持传统的纤维制品，还要给人们提供富有创意和成效的就业机会。

多样性需要我们改变对纤维的选择。我们得用各种更可持续的材料替代占主导地位的棉花和聚酯纤维（二者共占世界纤维市场 80% 左右的份额），因为棉花和聚酯纤维对社会和生态都会造成破坏。更可持续的纤维种类包括天然材料，例如有机棉花、有机羊毛、麻、野蚕丝和天然"亚麻"竹；也包括可生物降解的合成纤维，例如玉米淀粉纤维和大豆纤维；还包括用可持续采伐的桉树来生产的纤维素纤维。有证据表明，这些纤维比棉花和聚酯纤维具有更高的资源利用率，更以人为本。但是，这样做的代价就是我们的衣服会越来越贵。当然，大众市场是否愿意为这样的变化买单，这在很大程度上仍未可知。用更多类型的小批量纤维进行设计，这种做法会鼓励农民寻求多样性，并种植各种不同的作物，使得区域性和全国性的纤维多样性成为可能。特别重要的是，这为消费者提供了选择材料类型的机会。此外，这些产品可以给人们提供工作机会，也尊重当地环境。

多样化的产品让我们保有作为人类的自我意识；它们丰富多样，针对不同的用户，并且认可广泛的象征性需求和物质性需求。这与人们对更广泛意义上的商业的未来所进行的预测不谋而合。未来的商业要做的是想办法满足小型市场更为精确的需求，这与福特主义的商业之道完全背道而驰。根据福特主义的商业之道，先开发出少数通用类型的产品，然后销售给所有的人。更小型的制造商拥有灵活的生产系统，可以生产出独特而个性化的产品，更符合我们的需求。表现性与差异性取代了同质化与自主性，而多种多样的时装则正是源于个性和独特性。

生态系统的活力取决于关系，取决于能源和资源的使用与交换。同样，时装未来的生命力取决于它所培育的关系。在重视过程、参与和社会融合的服装中，在促进人与环境之间和谐关系的服装中，我们都会看到美与伟大共存。朋友们在一起编织是美丽的；可降解的服装是美丽的；通过谨慎购买来支持弱势群体是美丽的。我们设计的服装要促使我们深入探讨我们在自然界中所处的位置，这样做可以建立起关系。这类服装之所以能做到这一点，是因为它们支持骑自行车而不是乘车，是因为它们可以在朋友之间共享。可持续时装关乎消费者和生产商之间强有力的互助关系。这类服装会引发争论、带来深意，或者要求用户借由技巧、想象力或者才华来"完成"服装。可持续时装能给人带来信心和能力，鼓励多样性、创造性、个性化和个人参与。只有这样，人们才能从在现成"封闭式"商品中进行选择的盲目消费者转变成积极的合格公民，在购买、使用和丢弃衣服时能做出有意识的选择。

在产业背景下对时装进行重构，之所以这样做，不是因为慈善，而是因为能赚钱。

许多受自然启发的机会就来于此。大量证据表明，欣然接受社会和环境议程的做法能增加股东价值，创造品牌资产，使公司成为首选的雇主、客户和合作伙伴。以美国大型地毯公司英特飞公司为例，该公司努力实现零废物目标，已经节省了 2.9 亿美元，远远超过了采取广泛的环保措施所需的成本，带来了更大的利润。当诸如英特飞这样的公司从"绿色"中获得合法回报时，它们不仅成为时装和纺织品领域变革的强大原动力，还成为整个社会变革的强大原动力。耐克（Nike）等主要服装公司也在以特定的方式推进企业责任。它为本公司的设计人员在材料的使用方面制定了指导方针，包括承诺到 2010 年时，在所有棉花制品中使用 5% 的有机棉，禁止使用聚氯乙烯（PVC），并且制定了可持续产品创新战略。其他的大品牌，如 H&M，完全不使用聚氯乙烯和动物毛皮，并且与供应商协议制定了行为守则，以确保对低收入国家工人的保护。AA 美国服饰（American Apparel）是美国最大的 T 恤生产商，该公司的所有服装都在其纵向一体化工厂中制作完成，而工厂就在公司自己的"后院"——洛杉矶市区。之所以这样做，就是为了回避其他服装品牌经常遭遇到的批评，批评它们忽视了对发展中国家的工厂里工人及其工作条件的关注。

尽管在时装产业已经形成了可持续发展的重要势头，这些大公司仍然可能受到批评，说它们在环境和社会问题上"小打小闹"，说它们仅仅关注表面现象，而不是从根源上解决问题，因而只是使服装**不那么不可持续**而已，而不是使服装**更可持续**。设计可持续时装需要深刻的变革和激进的解决方案，而不是仅仅局限于商业周期和利润所青睐的权宜之计。当然，商业也可以成为这一激进议程的一部分，但需要的是一种不同的商业模式，尤其是针对消费和个人满意度提出尖锐问题的模式，并且，该模式建立在完全不同的个人和社会行为模式的基础之上。这种"回归本源"的安排本质上意味着可持续时装**将使我们与自然重新连接，使我们彼此之间重新连接**。这会减少对环境的影响，提升我们对自己在自然界中所处位置的认识，并且培养向地球学习的新的道德观。可持续的时装会激发我们作为人的自我意识，使我们相互之间重新连接。它将解放我们，让我们有能力创造性地参与服装设计，有能力重新加工我们的服装。我们必须成为积极分子，成为技巧娴熟的服装生产商和服装消费者。我们的行为推翻了时装体系的一些神秘性、排他性和权力结构，打破了时装与物质消费之间的联系，为时装的未来提供了其他愿景。

五种方法

将未来愿景应用于当今服装的客观现实，可以极大地提高想象力和创造力。我们身边到处都有细微的迹象表明我们已经为这一飞跃做好了准备。在博客、时装杂志特写、设计学校课程、股票市场可持续性报告和企业社会责任倡议等方面，人们对可持续时装有着前所未有的兴趣。这一飞跃的一个重要组成部分是创建关于未来的形象，制订关于未来的计划，也就是让我们瞥见未来的情形，帮助现在的我们在向更可持续的时装未来转变的过程中确定好方向。

考虑到这个目标，一个小型的合作研究项目"5 种方法"（5 Ways）[6] 探讨了可持续性特征（如多样性、参与性和效率）对于时装纺织品而言可能意味着什么。"5 种方法"是一个概念性项目，生产产品原型或者粗样，而不是生产完全成熟的准备上市销售的产品。该项目旨在为研究时装这个复杂和不断变化的领域提供一些想法和前景广阔的起点，而不是为可持续性问题提供明确的答案。"5 种方法"项目始于一个设计师团队和五份简报，每一份简报和相关的工作室活动都开发了一款原型产品，类型从皮包到连衣裙不等。虽然每一款产品都是独立运作的，但它们真正的价值更多来自它们共同代表的东西，即基于可持续性价值观和互联式设计方法的创新成果，而这一点是藏而不露的。"5 种方法"的 5 个子项目探讨了以下五个方面：

- · 在人们居住地制造的事物；
- · 人们从来都不会想要洗熨的事物；
- · 能满足人们需求的事物；
- · 具有多种预设用途的事物；
- · 需要人们卷起袖子参与的事物。

下面将逐个描述这 5 个项目。

项目 1：本土（Local）

你住在哪里？你的籍贯呢？"本土"项目捕捉住了人们所在地区的精华，并让人们就像穿衣服一样自豪地展示地区精华。该项目要求人们去发现自己周围的世界，了解并支持自己周围的事情。本土产品给社区带来启发和挑战，同时也创造了就业机会，利用了当地资源。"最好的"产品需要将人和材料同地域相融合，需要在当地创造就业机会，能够使社会富裕，能够促使经济发展。"本土"项目反映了各种各样的关注，有些关乎当地的审美偏好，另一些关乎支持社区的产品开发。这些地方性关注贯穿了"5 种方法"的所有项目：所有 5 个项目都是来自基层的小型非正式项目，都坚持"不污染家园"的仿生学原理，而且，为了保持当地（实际指的是全球）环境的清洁，都使用精心挑选的低污染的材料和加工方法。"5 种方法"项目中所使用的材料是有机棉、具有公平贸易认证的羊毛、再生聚酯纤维，以及棉麻牛仔布。这些材料经由天然靛蓝染色，之后再进行热转印或者数码打印。

我们案例中的本土性涉及为英国伦敦红砖巷（Brick Lane）设计开发的产品。红砖巷现在是伦敦的孟加拉社区中心和咖喱圣地，非常有特色；红砖巷还有一个马路市场，是大量设计师兼制造商和艺术家的活动基地，也是一个蓬勃发展的纺织和皮革区。红砖巷的本土产品就演变自所有这些影响。我们制作了一个手工编织的袋子，用从当地作坊收集的皮革碎片编织而成。皮革被切成条状，绑在一起成为一长条，然后用粗大的编织针编织成柔软而富有触感的可伸缩袋子。用这个袋子可以把你的水果和蔬菜从市场摊位搬回家（本地购物！）；这个袋子能表明社区身份（这是我住的地方！）；这个袋子用本地的废物制作而成，制作过程中雇用当地人（把废物作为资源！）。

项目 2：更新（Updatable）

时装能迅速流行一时，也同样很快就被遗忘。但是，如果不是流行一时，而是流行多时，是一个逐渐转变的过程呢？如果这个过程需要你拿起针线包自己动手让你的衣服赶上时髦的潮流呢？"更新"项目是关于侧重点的转换：从一件服装转换为多件服装，从被动消费者转换为主动使用者，从单张快照转换为持续的电影。该项目关注的是修改 T 恤衫所需的技能和信心。它尝试使服装设计和制作的过程更透明，从专业的精英设计师那里"回收利用"服装，促进人们更深入地理解服装制作过程中的许多小工序，进而鼓励人们"自己动手"。培养人们自己动手的能力，这一做法主要是想通过重新裁剪、重新缝制和改变款式来减少材料消耗。

"更新"项目涉及 T 恤的一系列变化。我们用邮件把裁剪修改说明发给设计师团队，提出修改建议，使修改后的 T 恤一直走在时尚前沿，不再因为有了新一季的衣服而被扔进垃圾箱。我们选取流行趋势，提炼成几种时髦的变化。随后，设计团队解读修改说明，并且制作了一款特别时尚的服装。在接下来的几个月里，该团队翔实地记录并穿戴了这款服装。在"更新"项目中，原创设计师和用户之间的权力关系改变了，因此形成了一种基于变化的独特合作关系。

项目 3：免洗（No Wash）

"免洗"项目关注的是设计和穿着从不需要洗涤的衣物。简单地说，洗衣服是一件苦差事。我们会不假思索地洗衣服，这一活动也与我们的社会接纳度、个人成功以及爱情生活密切相关，因而与我们的幸福紧密相连。以前，保持清洁是为了预防疾病，但是现在，西方对卫生的痴迷已经导致了一个令人瞠目结舌的事实：为了清洗我们最喜爱的衣服，在衣服的使用寿命期间，我们所花去的能源大约是制造这些衣服所需能源的六倍。其实，只要我们的洗衣频率减少一半，总的产品能源消耗也会减少将近一半（空气污染和固体废物的产生也一样）。

免洗项目把这个想法发展到了极致。该项目中，一件编织精美的羊毛毛衣被改造成了一件永远也不需要清洗的衣服。这件免洗上衣的设计一方面是为了防尘，但更主要的是为了穿着时具有标志性。它的研发依据的是一项为期六个月的洗衣日志，该日志记录了腋下大多数的气味，也记录了袖口、肘部和前幅几个位置沾上的大部分污物。这件衣服的特色在于擦净型面料和极好的腋下通风性能，到现在已经穿了三年多，穿着频率高，而且，一次也没有洗涤过。衣服的设计非常大胆，"装饰"有咖啡溅出形状的图案，也配备有肥皂的气味，让人不禁想起了服装的历史以及我们肩负的责任。

像"5 种方法"项目所设计和生产的所有产品一样，这件免洗上衣并不是主流的设计解决方案，但它却以一种全新的方式参与到对可持续性问题的探讨中。设计与文化之间的关系错综复杂、相互关联、不断变化，这意味着创新的产品或者工作方法不太可能来自主流设计。相反，我们需要依赖外围的特别项目或者找寻另外的生活方式。大多数人的衣橱中都有一件持久耐穿且从未洗涤过的衣服，不过，人们可能从来没有意识到这一点。因此，解决问题的出发点之一就是确定这些服装的特征，并通过设计来增强这些特征。在设计新服装的同时，我们还需要研发另外的衣物洗涤和保养方法。人们可以把衣服挂在充满蒸汽的淋浴房中去除衣服上的异味，也可以更多地了解去污除味的原理，或者污渍与异味持久难消的原理，假以时日，这样的窍门最终会改变人们的习惯做法，进而迎来新的生活方式。

项目4：九命（Nine Lives）

"九命"项目使用了猫的比喻。猫有九条命，"死"只是为了复活。"九命"项目也看到了衣服与猫一样，有复活的可能性。我们可以重新利用整件衣服，也可以重新利用衣服的重要部分，可以把衣服的纤维重新加工为新的纱线，还可以把衣服作为床垫填料。但是，我们应该怎么做，才能让赋予事物新化身这样的做法体现出生命本身的循环呢？消除浪费这一概念直接取自生态系统以及以生态系统为灵感的设计方法。以永续农业和工业生态为例，在这里，一切都可以回收利用，系统中某个部分的所有废物都会成为另一个部分的"养料"。表面上看起来是在产生废物，但实际上却是在进行交换。交换这一理念让人们摆脱了思想束缚，促使人们形成专注于最大限度地利用事物的心态，并强调联系、循环和前瞻性规划。

循环将事物连接起来，并提供控制、平衡和反馈的机会。自然界中到处都有循环，以确保资源效率和物种平衡。然而，要想"从自然之书中撷取一页"，以大自然的方式进行设计，我们必须作出改变。主流的（线性）产业观点认为产业、设计师和消费者这三者与自然界相互独立、互不相关，而我们要作出的改变并不认同这种观点。同时，这样的改变不再仅仅专注于制造产品，然后以低廉的价格把该产品迅速卖给客户，而丝毫不考虑别的方面。

在时装设计领域，废物利用方面探索得最多的是把二手服装及面料"翻新"和定制为新的产品，采用了许多方法，例如改变款式、重新剪裁、美化装饰和套印。通过这些方法，那些被丢弃的服装、穿旧的服装以及染上污渍的服装都获得了附加的价值，重获新生，得以变废为宝，或者延长使用时间。例如，许多慈善团体，如特雷德再造服装（Traid Remade）品牌旗下的特雷德（Traid）慈善机构，聘请了富有创新精神的年轻设计师团队，让他们重新加工人们不需要的服装，把这些服装改制成新的一次性时尚服装，可用于出售和再次使用。此外，总部设在伦敦的服装品牌"旧衣设计"（Junky Styling）把在旧物义卖或者慈善商店中找到的二手传统男式西装进行拆解，改制成别具匠心的独特服装。使用老旧服装和面料一直是再利用的一个重要因素，部分原因在于有限的供给保证了每件服装的独特性，这一点恰好与美学关怀和手工制作不谋而合，后两者在服装再利用中非常盛行。除此之外，还因为老旧面料是历经时光而留存下来的物品——是随着时间的流逝依然保留着自身价值的老旧物品，因此很容易让人们联想到可持续性价值观。

"九命"项目研发的服装事先就预定了服装的"未来生命"，服装使用的下一步已经想好，并为此做好了准备，成为服装的内在特征。改制服装会给令人厌倦的衣服注入新的生命。此项目中，我们制作了两件衣服，在其报废之后，两件衣服会极具创意地合二为一：通过刺绣来改制一件针织羊毛上衣与简单印染的 A 字裙。先仔细把羊毛上衣拆成毛线备用，然后阅读裙子上原有的缝纫指南，用户就可以把羊毛缝制在裙子上，缝制出一条别致的新裙子。拆解上衣和缝制新裙子都是故意而为的再创造活动，说明我们有可能以新的方式与服装建立密切关系。

项目5：超级满意因子（Super Satisfiers）

我们穿上衣服取暖，并且保持端庄的形象。衣服也能表明我们的身份和职业，能吸引（或者排斥）其他人，能给我们带来不同的心情。这些永不满足的情感需求促使我们对自己感到不满，对自己的衣服感到不满，并进而导致我们通过越来越多的途径购买越来越多不同的服装。限制服装的买卖数量，可能会对时装业所造成的环境和社会影响带来重大而积极的改变。但是，如果不想剥夺人们获得身份感和参与感的需求，我们就不能忘掉时装，不能废弃除了必不可少的服装之外的所有时装。如果提不出其他表明人们身份和职业的方法，那么，劝阻人们购买衣服这种做法毫无意义。换句话说，只有我们认识到服装是人类需求的满意因子，具有重要意义，我们才能从根本上减少服装消费。

不管国家、宗教或文化如何，人类都具有相同的基本需求，这些需求具体而明确。曼弗雷德·麦克斯 - 尼夫（Manfred Max-Neef）[7]指出，这些基本需求包括生存、安全、情感、理解、参与、创意、休闲、身份和自由。至关重要的是，虽然一直以来人们的需求都是相同的，但满足需求的方式却因时因人而异。不同的满意因子具有不同的含义，对于直接相关者来说如此，对于诸如环境这样的外部因素来说也是如此。如果产品或者服务是明显的满意因子，那它们就是设计行业一贯的（无意识）关注焦点。这九种需求分为两大类：生理（物质）需求和心理（非物质）需求。如前所述，我们不仅使用物质来满足生理需求，也使用物质来满足心理和情感需求。例如，这意味着许多人将个人身份与所消费物质的类型和数量联系起来。此处有一个悖论：物质消费要满足心理需求并不容易，在某些情况下甚至会抑制心理需求的满足。许多宗教团体早就认识到了这一事实，并指导人们过上物质简单但精神丰富的生活。然而，在市场营销、社会竞争以及人类天生的模仿和嫉妒驱动力的不断推动之下，物质消费的压力却持续加大。

"超级满意因子"项目研究的是当我们对身份、情感和休闲的需求成为服装的显性而非隐性关注焦点时，会发生什么？这是否会开始打破消费和不满所带来的桎梏？是否会把我们的注意力集中在试图通过衣服来满足这种情感需求的徒劳之举上呢？或者说，把隐性需求变成显性需求是否会让我们和自己联系得更紧密呢？"超级满意因子"项目关注的是我们的情感需求。该项目研发设计了一款"爱抚服装"，体现了设计师在如何通过服装吸引其他人注意力方面的高度个性化看法。这件衣服的开衩和精细微妙的镂空设计使得肩膀上、腰部以及少许背部的皮肤若隐若现，目的是让朋友不由得想摸一摸，由此让自己感受到别人的关爱带来的温暖。

结　语

可持续时装需要的不是大众型答案，而是大量的答案。"5种方法"项目虽然有诸多局限，但却尝试了解到了多样性。这些想法成功的关键，更广泛地说，可持续时装成功的关键，在于揭示在自然界中发现的可持续性所具有的品质与价值，这种可持续性非常强调关联性、连通性与合作性。只有到那时，我们才能正确认识到要实现可持续性观念，需要的不仅仅是对环境问题的关注，还需要个人、社会和机构三方面的转变。这种转变会带来一种新的着衣模式，该模式会体现出时装的新规律和新作用，不仅能让用户遮盖身体，还能吸引用户，让用户具有自主权。这种新模式会使时装产业脱离越来越快的、可能带来自我毁灭的改变，预示着一种新的思维方式的诞生，而这种思维方式支持人们创造出可持续而令人满意的服装。

可持续时装的未来在于能够看到"全貌"，能够了解服装背后相互交织的互联资源流，而同时还能够采取简单、深刻而切实的行动。我们需要把知识和直觉结合起来，创造一个提供安全就业的行业，一个为设计师和消费者营造创造性实践的行业，一个为前沿环境实践奠定基础的行业。该行业的核心具有一种关联感或者亲密感，能与服装制造者和使用者相关联，能与支持生产和消费的生态系统相关联，而且，最重要的是能与产品本身相关联。

注　释

1　要进一步了解玛莎百货（Marks and Spencer）关于可持续性的新战略，请访问其网页。

2　Allwood, J. M., Laursen, S. E., Malvido de Rodriguez, C. and Bocken, N. M. P. (2006) *Well Dressed?*, University of Cambridge Institute of Manufacturing, Cambridge, p2

3　Allwood, J. M., Laursen, S. E., Malvido de Rodriguez, C. and Bocken, N. M. P. (2006) *Well Dressed?*, University of Cambridge Institute of Manufacturing, Cambridge, p12

4　War on Want (2006), 'Fashion victims: The true cost of cheap clothes at Primark, Asda and Tesco'

5　von Busch, O. (2005), 'Re-forming appearance: Subversive strategies in the fashion system—reflections on complementary modes of production', Research Paper

6　"5种方法"项目开展于 2002 年 6 月至 2003 年 5 月期间，是凯特·福莱特和贝基·厄尔利（Becky Earley）的合作项目，由艺术与人文研究理事会（AHRB，即 Arts and Humanities Research Board）与切尔西艺术与设计学院（Chelsea College of Art & Design）资助。

7　Ekins, P. and Max-Neef, M. (eds)　(1992) *Real-Life Economics*, Routledge, London

THE DEATH MARCH

JOE BLOGGS

64 - 06

RIP

← SUSTAINABLE COFFINS MADE FROM PLA (polylactic acid)

SAVES SPACE FOR BURIALS AND BIODEGRADES

BAN CAR

public t

which n

Bui

Rec

sun pipe for daylighting

WINDCATC

wood structure

rain water harvesting

rape seed oil etc

organic ⟹ 100% organ

cott

RECYCLE

Long life

(except when you
have to transport
HUGE stuff)

quality
product

⟵ fair tr

plastic

s

Co-op

THEN!

(Replant tre

PRODUCT

Solar panels on
roof!

↳ sun light ran
WON EVERYTH

Home grown ve All

ECC

7 （非）结论

乔纳森·查普曼和尼克·甘特

创新型从业者从特定的角度看待与理解问题和情境的能力在很大程度上取决于他们能否提出与特定情境有关的个人观点和见解。因此，设计师**已有的**工作方式特别适合可持续设计这种新出现的情境，因为这个至关重要的方式是可持续创新实践的一个重要方面，而在可持续创新实践中，提出观点是进步的基本要素。然而，在形成个性化方法和方法论的过程中，很明显会出现**赞同**和**反对**两种声音，迫使我们建立（和捍卫）在某一问题上刚刚形成的立场。事实上，没有人知道这个世界注定会是什么样子，或者看起来是什么样子。从这点看来，仅仅一种方法论或者方法又如何能够提供如此单一又绝对的解决方案呢？有人甚至会认为应该避免这种单一的思想方式，因为这会灌输并扼杀原本丰富而自由流畅的、批评与创新的创意文化。在这种文化中，从业者可以自由地研发、分享和形成自己的方法以及可持续设计构想。

本书呈现的观点具有进步性、独特性和矛盾性，旨在营造上文所说的情境。在讨论中形成并强化观点，也许，更重要的是，让他人接受观点。个人**作者身份**和**所有者身份**这种方式使得创意从业者们能够不断前进，并不断宣扬自己独特的专业知识领域和见解——这种参与形式使人们建立起一种**常规做法**，其特征为针对普遍存在的可持续性和设计问题而采取的某种**单独界定的**独特方法。

有人说，大部分的可持续设计活动源于人们对什么最有利于环境的认知。在某种程度上，这一点不可避免，因为在个人层面，认知会变成现实，认知就是现实。在我们改变某事物之前，必须先了解它。目前人们对可持续设计的理解在很大程度上建立在人们对于何为最好的想法之上，但却零碎分散、迥然各异，因而几无裨益。这些问题的提出，针对的是创意产业的所有成员，包括来自以下创意领域的独特贡献者：产品设计、建筑和室内设计、平面设计与插画、展览和空间设计、科学与工程、教育、景观建筑、新媒体与数字媒体、新闻媒体、政府和政策、规范、时装与纺织品、工艺美术、材料和设计研究。调查结果清楚地表明，尽管行业参与程度和对可持续性主题的兴趣很高，但方法论却往往侧重于更直接和流行的方法，如太阳能、风能和回收利用。人们都相信目前有许多方法可用于可持续设计，但却一直等着别人去当开路先锋，这一现象很是奇怪。调查结果同时还发现，尽管许多人把可持续设计看作当今产业的创新前沿，却很少有人真的知道如何把可持续设计实实在在地融入当下的设计实践并加以利用。

生态可持续性的科学举措扩大了设计研究和设计学术界的范围，推动着可持续设计实践的发展。除此之外，关于何为最佳实践的假设和预想也在很大程度上推动着可持续设计实践的发展。大部分关于可持续设计的讨论都是由学术界人士主导的，而到目前为止，并不是所有执业设计师都了解和接受这些讨论的内容。例如，学术研究的知识领域能产生具有广泛性和包容性的理论，而执业设计师必须处理的通常是更为当务之急的问题，诸如某一曲线半径是多少或者两条装饰线条该如何相扣。有些人可能会争辩说，这只是层级的问题，的确，在很多方面这就是层级问题。

显然，学术界和研究机构与设计行业之间迫切需要进行更多可行的信息交流。毕竟，在一般的设计实践中，政治社会研究部门的作用何在呢？虽然这些部门能够提供的服务令人梦寐以求，但却因为没有专项经费而无法获得。说到执业设计师在设计新的厕所水箱时如何体现社会变迁，很明显，需要有更多的**工具**和**设备**来让各个层级的设计师都能够参加讨论，并按照他们自己对社会发展的理解进行设计活动。

关于可持续设计的讨论，在**本土**和**全球**的二元对立中已经有了先入为主的观念。然而，根据人们各自所处环境的不同，对于**全球**或者**本土**这类术语的界限划定也截然不同。以对个人所处位置的认识为例，该位置可以是在特定的全球经济之中，在国家行业之中，在区域公司之中，也可以是在具体部门之中。这种界限也会受到时间因素的影响。例如，你在一个财政年度、美好的一个月、繁忙的一周、忙碌的一小时或者当下这一秒的个人地位和作用。当然，在所有这些不同的层级中，参与是非常重要的（无论这些层级具有"本土性还是全球性"的特征）。但是，有一点极其重要：要清晰地认识到在任何特定的时间或者空间中个人所处的"位置"，因为这样才能让人们辨别并且采用适当的工作方式。诸如**全球**和**本土**这样的术语非常有用，但它们隐含的层级"依环境而定"。在界定工作环境时，这种不确定性既有积极性，也有消极性。从某种意义上说，它推动了严重的泛化现象，而这些泛化现象本质上又令人望而生畏，很难克服，因而会抑制行动，并最终阻碍进步。不过，从另一个角度来讲，如果了解了个人在**更大的空间**中所处的相对位置就能够界定个人带来积极变化的能力和潜力，那么，这样的了解就极为有利了。这样一来，就必须谨慎处理诸如**全球的**和**本土的**、**可持续的**和**不可持续的**这类具有绝对意义的术语。

可持续设计这一辩论的基本原则、哲学思想和运作方法都超越了学科界限。然而，合作设计方法仍然完全**受制于层级**，也就是说，为了满足消费者快速增长的需求，产品产量不断扩大，但却越来越难以形成协同设计的包容性战略。然而，在当前的经济模式中，协作网络的基本原则早已牢牢确立，成为经济模式的基本组成部分，只是这些经济模式的规范却需要调整。在有些情况下，需要把最终用户考虑进设计过程之中，或者需要精心策划社会环境。例如，规划一所郊区学校的建筑师团队就需要（如果不是必须的话）让当地居民参与到创意过程中来。然而，如果一个产品设计团队正在为世界软饮料市场研发新的拉环，而你正是该团队的一员，那么，这种定制过程的可能性就会迅速减退——尽管如此，你仍然是该网络的一部分，不论规模大小如何，为了响应特定项目和生态需求，该网络都可以做出积极得当的改变。

近年来，人们关注的焦点不断转向发展中国家中的新兴制造业大国。制造基地越来越偏远，控制也因此减少，而这些**新的污染制造者**却相应地不断壮大。由此，许多人不得不提出质疑："如果污染超过了发展，那发展的意义何在呢？"然而，一些发展中国家仍然持续复制西方的生产和消费模式，在这种情况下，更有效和更具前瞻性的做法就是以身作则，而不是**彼此**等着别国首先做出改变。如果发达国家率先提出对可持续商品的需求，那么，（通过经济刺激）就会推动这些商品的供应商生产**更**可持续的产品，因为他们需要的就是这样的产品。这是简单的**供求**原则，与以下哲学思想密切相关：**成为你想在世界上看到的改变**。而且，经济驱动力经常成为产业内部**不可持续活动**的催化剂，如果这种情况得以扭转，经济驱动力则会自动成为**可持续活动**的驱动力。（这一观点所代表的）文化改变就像滚雪球一样，要利用很难停止的这种势头，在这种时刻，唯一的选择就是**控制并引导**雪球的方向。

迄今为止，可持续设计的影响是有限的，它所拥有的真正潜力还未充分发挥。设计师要为新的目标、有远见的新事业而奋斗。因此，不应把可持续性视为问题、危机或者挑战，相反，可持续性对设计而言是前所未有的机会，设计可以借此重塑自身，找到新目标、新方向和新动力。当今市场竞争激烈，越来越多的跨国公司在生态高效的产品和方法中看到了经济上具有竞争力且可行的未来，其原因就在于不断增长的市场需求。我们对生态的影响日益明显，能源和资源的成本不断上涨，以及当前和即将通过的环境立法的影响，这些都在刺激着市场需求。从这个意义上说，我们（作为一个产业）在参与可持续设计方面一定不能再谨小慎微了。就在此时、就在此地，我们应该把可持续性考量植入新产品、新空间和新体验的设计之中，植入产品、空间和体验与可持续经济增长之间的良好关系之中。有充分的证据表明，可持续性考量与商业流程以及更稳定的长期经济是相容的。

与任何商业组织一样，以目标为导向的有机体或者生态系统依赖多样性和多元化来确保其生存和繁荣。多种多样的元素是这类文化的核心，在这个意义上，稳定性这一概念既模糊又不相容，因为稳定性的主要目的是消除差异，因而具有排他性。相反，进步的系统必须建立在丰富多样的基础之上，以便使文化福祉在可持续设计中得以体现；可持续性本身就成为一种文化，具有自己的价值观、信仰、传说、民俗和**其他故事**。然而，有一点是确定无疑、无可争辩的：可持续设计中这种丰富而繁荣的**多元文化主义**仍将是可望而不可即的乌托邦。

在个人层面上，设计师既是物品的消费者，又是物品的生产者，这样的双重角色总是同时共存，因为要生产出尽善尽美的成品，就必须使用（通常是指定的）材料、部件和制造方法。由此可以看出，大部分的创意实践实际就是适度消费实践——获取**现存物品**，把它们组合起来进行加工，从而开发并生产出**新的物品**。如此一来，设计师拥有的选择与普通的高街品牌消费者相同（或者更多），但由于设计师在生产规划时要处理多种多样的情况，他们的责任却要远远大于这些消费者。一位购物者在大街上购买了一件不可持续的产品，由于只购买了一件产品，这一选择的影响只会乘以一；然而，如果设计师设计了一件不可持续的产品，根据问题产品的生产量，这一选择的影响可能会乘以多达一万倍。因此，如果要做出正确的改变，设计师必须以身作则，选择在本地购物，选择可回收利用的物品，并考虑所有物品的适宜性。毕竟，只有当有可持续的产品和服务供人们**消费**之时，才可能真正实现**可持续消费**。很明显，无论是可持续设计师还是不可持续设计师都非常重要。在当今世界，他们对设计的可持续性（或者不可持续性）、对生产和消费都有着前所未有的影响。

设计过程为可持续发展提供了一些介入点，这些介入点强调创意实践作为一个整体所具有的更广泛的进程。通常，设计师的核心地位会确立某一产品的潜在概念导向，而在许多方面，最为重要的发展则隐藏在驱动因素之中。从产品的**物理持久性**和**情感持久性**方面来看，设计师对产品的使用期限（和生命周期）也有一定程度的掌控，包括材料和零部件的生物降解性能以及重复循环使用的可能性——即物理耐久性，也包括一些不那么有形的方式，如设计出的物品**优雅地变旧**，能够与用户保持更为持久的关系——即情感耐久性。这些考量避免并减少了浪费，会对环境产生重大影响。

供应链管理方法也在设计师的掌控之中。一位来自英国的设计师指定使用从南非回收的丙烯酸纤维，认为可以对其加以改进。事实上，像这样的购买（或者指定）行为构成了所有当前可用消费品的基础。制造过程是设计过程中的一个阶段，具有影响力，但不可过分强调其重要性；在物品的效用和生态影响方面，关键性的考量会决定创造物品时指定使用的特殊方法。这样一来，实现可持续性在很大程度上依赖于物品的制造方法，而且只能通过个体从业者来实现。在能源消耗、后续资源枯竭和大气污染这样的背景之下，对于物品的生产方式、生产原料和生产成本，这些个体从业者已经有了默契的认知。

在设计师的设计实践中，物品的形式和功能起着核心作用。其中，功能是物品成功的关键，为创意实践者们提供了大量的机会把可持续性融入物品生产之中。同时，在实现功能性方面，形式也起着不可或缺的作用——形式与功能二者相互关联。例如，一把可折叠的椅子由具有可持续性的木材制成，是坚固耐用而且轻便的家具，不仅在运输方面，而且在生产过程中对材料和能源的消耗方面，都具有高效能。这表明**形式**在实现可持续性**功能**时起着至关重要的作用。

功能也更难以捉摸。可以这么说，功能以线性方式而存在。在线性标尺的一端是**以任务为导向的功能**，物品能够很好地完成其任务（这是可持续性的特征）；而在线性标尺的另一端是更**具社会性的功能**，物品能够有效地调停用户特定的价值观和信仰。当设计使得物品能够满足功能性的两种模式时，人们通常就不再想要置换这样的物品，相反，他们会重视、珍惜并保留这些物品。因此，功能性的两种模式在很大程度上取决于设计师，是物品在社会、经济和环境方面成败的关键所在。市场营销是设计过程的一部分。在营销过程中，会识别并支持产品生产的可持续属性，通过实例使可持续性成为人们**渴望**和**迷恋**的新的消费语言。包装和分销（理想情况下，不需要包装和分销）在很大程度上取决于设计师。如果设计得当，包装和分销会与上述可持续设计实践中的所有做法和要素形成积极关系。

如果人们看待设计过程时不局限于这些不断增加的要素，而是把设计过程当成一个整体，就可以看出设计师也能够密切结合更重要、更系统的方法，这些方法会建立新的消费范式（甚至整个社会文化**运动**和**行为**），进而让创意从业者能够进行更深层的干预。当人们考虑到设计师作用的多样性时，设计师在创新的可持续系统中的重要性就变得不言而喻了。此外，当人们考虑到设计实践的多元化背景时，有一点似乎有些"明显"：可持续性是为了设计产业而量身定制的。设计师已经开始采用这种方式进行设计，为了实现想要的未来而改进当前的设计方法。因此，从这个意义上来说，可持续设计稳稳居于日常设计活动之中。这样一来，可以说设计师是可持续设计的钥匙持有人，居于可持续性论辩的核心，而不是后续追加措施的提供者（或者采购人）。这些追加措施只是用于控制损害，但是，却从来没有真正地控制住损害。

大多数制成品没能体现并表明其中所融入的制作方法，因此，也无法把用户纳入产品的创始过程。鉴于此，为了新物品的研发，新的机会应运而生。这些新物品以一种更明确、更包容的方式促成可持续性的实现，培养并增强消费大众**不断觉醒的意识**，促使他们选购更具生态完整性的产品。不过，这并不是说要驱逐、取缔黑盒无名产品，相反，这意味着市场上还有替代品的空间，而这些替代品具有更广泛的本土话语。因此，我们必须追问："可持续设计是否（应该）具有专门的语言？而这种指定的审美观是否会阻碍把消费者分成两种对立的类型——购买绿色产品的消费者和不购买绿色产品的消费者？"

消费者越来越精于辨别真伪，所以，不太可能曲解对于可持续性资质的失实描述。然而，不要让可持续设计成为不真实的设计风格化时代，这一点非常重要，因为任何一个时代（或者时尚）在经历人们的熟悉、过度使用以及无法产生影响这些过程之后，最终都会逐渐消失不见。相反，如果通过物品能够清晰明确地描述并呈现出某一产品真实的可持续设计特征，就能带来真实性的特质，而这一特质在超越直接重复的同时，也开创了先例。当物品体现出这些特征时，就有了生态经济市场价值，而这一价值与商业成功之间的关系并不稳定。一直以来，市场需求促使价格下降，生产率也不断上升。但是现在，这种既定的进步模式正在受到质疑。由于既定的方法论受到怀疑、审查，并有可能发生改变，这种情况就带来了大量的机会。

有一段时间，我们确实被虚拟环境中塑造的超真实的完美物品所诱惑，并且，有一段时间，我们也乐于超前关注这种表面为聚合物的人工制品。然而，在物质生活方面，消费者越来越追求更有意义的内容，这是因为消费品中所包含的物品的叙事经验已经被剥离，除了品牌本身对情感联系的需求之外，消费品都不需要任何情感联系。在这些情况下，我们已经无意中从物品词汇里**提取**出了两个关键特质——**工艺和品质**。作为一种实践，工艺已经全部被更高效的大规模生产流程所取代，由此产生了一个浮华的同质领域。在该领域中，千篇一律的物品使制造界充斥着单调与乏味，而这一点刚好有悖于设计所特有的观念——赞美独立性，赞美有创意的自我表达。这并不是说我们都应该钟爱购买不够结实的柳条筐和手动翻转的橡木蛋杯——特别是如果你是严格的素食主义者，根本不需要蛋杯。但是，事实上，如果没有物品的格式塔美学中所充满的那些现成信息，消费者是无法想到物品的制作方式和制作地点的。在潜在生态困境的推动下，新的范式必须建立起来，而设计这些新范式的人，正是居于所有利益相关者网络核心地位的设计师。

正如**辩论**一词所暗示的那样，**可持续设计辩论**本身就没有定论。这种不确定性必不可少，因为没有它，关于可持续设计的辩论、商讨以及重要性就会瞬间停止，也不会再有思想的成长、发展和演化。因此，（非）结论是一种自由度，而且也应该是一种自由度，因为如果没有了自由度，讨论、演化和进步就会停滞不前。不过，这并不是说要避免做出决策和断言，相反，决策应该是设计活动的一个完整（而必要）的部分。**有效的**设计会不断接受批评、不断加以改进，是连续演化所具有的不断迭代的进程，而不是一个一站式的、像大爆炸一样的万能解决方案。因此，想要得出确定结论的做法是错误的——结论就是答案，是主观的，通常也是非包容性的。所以，你对本书所做的贡献是什么呢？你的观点是什么？你会如何论证你的观点？又会提出什么样的建议？原因又是什么？这会给可持续性论辩带来什么变化？不过，有一点是肯定的：如果想要今天的设计师和愿景家带来真正积极的变化，就有必要形成一种关于批判性论辩和参与的包容性文化。

图书在版编目（CIP）数据

设计师的远见卓识与案例 /（英）乔纳森·查普曼
（Jonathan Chapman），（英）尼克·甘特（Nick Gant）
著；徐春美译 . -- 重庆：重庆大学出版社，2024.1
（绿色设计与可持续发展经典译丛）
书名原文：Designers, Visionaries and Other
Stories
ISBN 978-7-5689-0377-6

Ⅰ.①设⋯　Ⅱ.①乔⋯②尼⋯③徐⋯　Ⅲ.①设计—
研究　Ⅳ.① TB21

中国版本图书馆 CIP 数据核字（2017）第 014854 号

绿色设计与可持续发展经典译丛

设计师的远见卓识与案例
SHEJISHI DE YUANJIAN ZHUOSHI YU ANLI
［英］乔纳森·查普曼　尼克·甘特　著
徐春美　译
策划编辑：张菱芷
责任编辑：李桂英　　装帧设计：张菱芷
责任校对：谢　芳　责任印制：赵　晟
＊
重庆大学出版社出版发行
出版人：陈晓阳
社址：重庆市沙坪坝区大学城西路 21 号
邮编：401331
电话：（023）88617190　88617185（中小学）
传真：（023）88617186　88617166
网址：http://www.cqup.com.cn
邮箱：fxk@cqup.com.cn（营销中心）
全国新华书店经销
重庆亘鑫印务有限公司印刷
＊
开本：787 mm × 1092 mm　1/16　印张：10　字数：171 千
2024 年 1 月第 1 版　2024 年 1 月第 1 次印刷
ISBN 978-7-5689-0377-6　定价：68.00 元

版贸核渝字（2015）第 060 号